重读经典之

菜根谭

〔明〕洪应明 著
丁良艳 张晨 注译

河南人民出版社

图书在版编目(CIP)数据

重读经典之菜根谭 / (明) 洪应明著; 丁良艳, 张晨注译. — 郑州 : 河南人民出版社, 2021. 7
ISBN 978 - 7 - 215 - 12704 - 3

Ⅰ. ①重… Ⅱ. ①洪… ②丁… ③张… Ⅲ. ①个人 - 修养 - 中国 - 明代②《菜根谭》- 注释 Ⅳ. B825

中国版本图书馆 CIP 数据核字(2021)第 119979 号

河南人民出版社 出版发行
(地址:郑州市郑东新区祥盛街 27 号 邮政编码:450016 电话:65788065)
新华书店经销　　河南金之汇信息技术有限公司印刷
开本　710 毫米 × 1000 毫米　1/16　印张　16
字数　300 千字
2021 年 7 月第 1 版　　2021 年 7 月第 1 次印刷

定价: 58.00 元

前 言

一

说到《菜根谭》一书的由来，流传着这样一则美好的传说。

公元1768年的农历七月十六日，一位自称"三山病夫"的隐者正在山中养病，他的好友岫云监院琮公特地从京城前来看望，怀里抱着一本书——《菜根谭》，并请他作序。隐者内心很诧异，因为他完全不认识这本书的作者，更不知道他是何许人。既然好友琮公亲自带书前来，想来此书定不一般。

于是，琮公便讲述了他与这本书的渊源。

早年，琮公曾跟随不翁老人学佛持戒，因不善用心、急于求成而心血虚耗，自知法缘微薄，便向师父辞行。临别前，不翁老人对他说："看你的命相，当会有大的作为，只恐怕到时候你心为形役，没有时间再参悟佛学。我这里有一本书，是洪应明著《菜根谭》，里面的内容极其丰富，你如果能细细体会，自会受益无穷。你拿去吧，要好好珍重！"

琮公受书之后便辞别了老人，从此忙于俗务，再无暇顾及此书。此后数年，琮公的职位节节高升，事业蒸蒸日上，不知不觉心为境缚，神为力耗，最后大病一场。养病期间，心情忧郁，便追忆往事，从书架上找回此书，细细研读，一时间心下大悟，明白了从前种种经营实在是舍本逐末。如果早早阅读此书，哪里会久耗成病、伤及性命呢？可惜这本书因年份已久，纸朽虫蛀，很难再翻阅，便命人重新抄写刊印，特请三山病夫作序，以警醒世人、启迪后世。

三山病夫听罢，大受感动，抚书感叹说："古人说：'性定菜根香。'唯有沉下心来细品慢嚼，才能真正品味出这本书的'菜根之香'吧！奔波忙碌的世人，对此不能不有所警戒啊！"于是，挥笔为本书作序。

二

这则故事出自清乾隆三十三年常州天宁寺所藏《菜根谭》的序言，作序者即三山病夫。今天看来，《菜根谭》一书的由来，多少有些扑朔迷离。一来此书作者洪应明，究竟何许人也，至今未有确证；二来此书如何流传于世，也未有确切的记录。

首先是作者洪应明。今人大体知道，他字自诚，号还初道人，其著作除《菜根谭》外，还有《仙佛奇踪》《樵谈》《笔畴》《传家宝》等，可惜均已失传。有说洪应明为四川新都人，曾到南京求仕且在南京居住，只未确证。此人其名虽不著于当世，但根据史料记载，他曾和同时代的于孔兼、袁了凡、冯梦祯等人交往密切。于孔兼（1548—约1613）进士出身，曾任礼部主事，参与东林讲学，晚年离仕写作。袁了凡（1533—1606）早年亦耽于仕途，最后逃儒循佛，著《了凡四训》，劝人修心养性。冯梦祯（1548—1605）曾任南京国子监司业，最后归隐山水、栖心禅寂。三位友人均在著作中对洪应明推崇有加。从三人均好禅学来看，洪应明应该也是一位不求闻达的隐士。也许他早年热衷于仕途，后来遭受种种磨难曲折，退而著作论道，崇奉佛道，将其一生所悟，凝结为传世之作《菜根谭》。

其次关于此书的流传，大体有两个系统。第一个系统的版本为明刻本，分前集和后集，书前有三峰主人于孔兼的题词，曾于日本广为流传，后传回中国。另一个系统的版本为清刻本，依据内容分修省、应酬、评议、闲适、概论等名目，最早见于清乾隆三十三年常州天宁寺刻本。两个版本的文辞大体一致，但章节和次序都有不同。本书即以明刻本为底本，保留前集和后集的分类，同时亦对每一篇格言警句进行翻译和点评，以期帮助读者把握其思想主旨。

三

国内对《菜根谭》的重视，多少受到日本"《菜根谭》热"的影响，其肇端可追溯至民国时期海外遗书传回中国的浪潮。

《菜根谭》问世后，早在明代就漂洋过海，流传到了日本，又名《处世修养篇》。文政五年（1822），儒生林瑜刊印了日本最早的《菜根谭》刻本，继而引发了日本国内对该书的研读热潮。到了近世,《菜根谭》更是备受日本企业家的推崇,认为该书在企业管理、用人制度、业务推销、自身修养等方面,都是一本极珍贵的教材,书中条条格言都值得反复品味。

然而,在中国,《菜根谭》一开始并未掀起多少浪花,相反一度受到漠视和冷遇,这从作者和成书过程不详也可以看出端倪。1915 年,浙江奉化人孙锵奉命出使日本,在京都的一家书店看到《菜根谭》,翻阅之后,认为此书"急功近名者服之,可当清凉散;萎靡不振者服之,可当益智膏"。又误认为此书在中国已经失传,于是将其带回国内并校订出版。五年后,孙锵发现了国内保存的《菜根谭》古本,与日本的版本颇有不同,于是将两个不同版本的《菜根源》都付梓翻刻。之后,各种版本在国内相继出现,林林总总,蔚然成风。由此,《菜根谭》逐渐在国内引起了人们广泛的注意。

四

《菜根谭》到底有何魅力,为何能在海内外备受推崇,产生如此深广的影响呢?

纵览全书,不难发现这是一本有关修身、处世、待人、应物、闲情等方面的格言集。其文辞短小凝练、优美典雅,其内容包罗万象、生趣盎然,其意旨富含哲思、促人警觉。它大体诞生于明朝中晚期,正值阉党横行、奸权当道之际,整个朝廷醉生梦死,社会世风江河日下。作者学识渊博、才智卓越,可是在那个黑暗的年代,却志不得伸。长期的磨难,使他对社会现象有了入木三分的观察,对人情世故有着冷静细腻的深思。这本格言集,便凝集着作者对社会世态人情的种种体悟,饱含着他寻求避世而又积极救世的一片苦心,显示了他对儒释道三家思想融会贯通的灵活运用。从具体内容来看,本书有以下三大特色:

一、它是一部引导国人完善道德人格的修心指南

滚滚红尘,世路苍茫,如何在纷纷扰扰、五光十色的大千世界中获得心灵的安顿与和谐,是中国传统哲人数千年上下求索的不竭课题。也正因此,《菜根谭》吸收了宋明时期盛行的心学、禅学思想,从"心"的角度,构建了一个具有完美道德人格的士人君子形象,从而为世人提供修行的典范。

首先,在心境上,淡泊宁静,动静相宜。恰如书中所言:"须定云止水中有鸢飞鱼跃的气象,才是有道的心体”,“静中念虑澄澈,见心之真体”,“静中静非真静,动处静得来,才是性天之真境”。寂而不枯,淡而不薄,动静相宜,才是修道者应有的心灵境界。

其次,在心量上,宽厚仁爱,包纳万物。“待人宽一分是福”,“攻人之恶毋太严”,“君子当存含垢纳污之量”,须知“水至清常无鱼”,“利人实利己的根基”。

再次,在心志上,立志高远,千锤百炼。在“风斜雨急处,要立得脚定;花浓柳艳处,要着得眼高”,“学者须扫除外物,直觅本来,才有个真受用”。在作者看来,“横逆困穷,是锻炼豪杰的一副炉锤”。所以,顺境时保持理性,“持盈履满,君子尤兢兢焉”;穷困时不失信念,“处变当坚百忍以图成”。

最后,在心气上,降服傲气,心平气和。正所谓“性躁心粗者一事无成,心和气平者百福自集”,“盖世功劳,当不得一个矜字”,“降服得客气下,而后正气伸”。待人应充满和气,“如春风解冻,如和气消冰”,因为“唯和气热心之人,其福亦厚,其泽也长”。

二、它是一部帮助国人处世应事的智慧秘籍

中国是一个高度讲求社会与伦理的文明国度。面对尘世俗务的纷纷扰扰,一个人不仅要学会调适心灵、安住己心,同时也要拥有一定的处世智慧,处理好自己和他人、自己和社会的关系。《菜根谭》充分汲取了儒释道三家所蕴含的处世思想,为国人提供了一套在世出世、宠辱不惊、抱朴守真、和谐共荣的处世智慧。

首先,在世出世,圆容不二。《菜根谭》提出,为人处世既要有对生活的热爱与追求,也要有一份超越与洒脱,更要有一种知变通、不拘泥的灵活技巧,从而在处世出世之间,自在出入、身心通达。“出世之道,即在涉世中,不必绝人以逃世。”“居轩冕之中,不可无山林的气味;处林泉之下,须要怀廊庙的经纶。”“处治世宜方,处乱世当圆,处叔季之世当方圆并用。”

其次,淡泊名利,宠辱不惊。《菜根谭》沿袭了中国传统文化中好义轻利的价值观念,从道德层面看待富贵荣华,主张处世应淡泊名利、宠辱不惊,不受纷华之扰。所以,“志以淡泊明,而节从肥甘丧”,“功名富贵逐世转移,而气节千载一日”,“名根未拔者,纵轻千乘甘一瓢,总堕尘情”,“宠辱不惊,闲看庭前花开花落;去留无意,漫随天外云卷云舒”。

再次,抱朴守真,韬光养晦。须知“声色未必障道,聪明乃障道之藩屏”,所以“聪明人宜敛藏”,“君子之才华,玉韫珠藏,不可使人易知”,“君子与其练达,不若朴鲁”,“神奇卓异非至人,至人只是常”。

最后,谦和礼让,和谐共荣。古人以谦为贵,《菜根谭》也指出:“处世让一步为高。”所以,“人情反复,世路崎岖。行不去处,须知退一步之法;行得去处,务加让三分之功”,“径路窄处,留一步与人行;滋味浓的,减三分与人尝。此是涉世一极安乐法”。

三、它是一部彰显山水人文之美的艺术画卷

《菜根谭》不仅仅为国人提供了修心养性、处世应事的智慧教义,更处处彰显着中国传统知识分子栖心自然、寄情山水、日用为道的生活美学。作者在自然山水中感悟生命,在日常生活中品味大道,在物我交融中升华心灵。那些春夏秋冬的时节更替,花鸟鱼虫的勃勃生机,品茶论道的宁静时光,借助一则又一则隽永典雅的文辞,在读者面前一一展现:

“春日气象繁华,令人心神骀荡,不若秋时云白烟青,兰芳桂馥,水天一色,上下空明,使人神骨俱清也。”

“兴逐时来,芳草中撒履闲行,野鸟忘机时做伴。景与心会,落花下披襟兀坐,白云无语漫相留。”

“孤云出岫,去留一任其自然;朗镜悬空,妍丑两忘于所照。”

“松涧边携杖独行,立处云生破衲;竹窗下枕书高卧,觉时月浸寒毡。”

“胸中物欲,半点都无,已如雪消炉焰冰消日;眼里空明,一段自在,时见月在青天影在波。”

……

这些优美的语言,不知不觉会将读者带入到一种深邃而悠远的意境之中,跟随作者一道体会这万古长空、一朝风月的山水人文之美。

作为一部流传数百年的旷世奇书,《菜根谭》在体现其价值的同时,也并非完美无缺。比如囿于历史的局限,作者将通往身心幸福的出路,全情寄希望于个人高度的道德自律,忽视了对腐朽的社会制度、不公平的社会规则等方面的思考,书中流露出的天命思想和避世思想多少与此有关。也正因此,作者所追求的旷达逍遥,便不可避免地显露出一丝无奈和虚幻。对此,我们要有着清醒的认识,既不可过度抬高《菜根谭》一书的思想价值,也不应脱离时代背景、苛责古人。古人云:“咬得菜根,则百事可做。”人生在世,不可能一帆风顺。无论穷通苦乐,耐得住寂寞,禁得起平淡,守得住底线,在任何时代对任何人而言,都是一剂养心益智的清凉散、益智膏。

目 录

菜根谭前集

菜根谭后集

菜根谭

前集

1 观物外之物 思身后之身

栖守道德者,寂寞一时;依阿权势者,凄恨万古。达人观物外之物,思身后之身。宁受一时之寂寞,毋取万古之凄凉。

译文

坚守道德的人,也许会经受短暂的寂寞;依附权贵的人,却会遭受长久的孤独。通达的人重视物质以外的精神生活,顾惜死后的声名荣誉。所以,人生在世,宁可忍受一时的冷落,也不要留下长久的悔恨。

点评

现代社会,人人都热衷于追求繁华与财富。但中国古代的圣贤们却告诫世人,在功名利禄之外,道德品性也很重要。追名逐利的人,可能会门庭若市,但快乐只能是一时;追求精神价值的人,可能不会马上大红大紫,但美好的品性却会一直传扬。所以,我们一方面要享受得了繁华,另一方面也要耐得住寂寞。虽然暂时寂寞,但我们的知音,会在未来时机成熟的某一刻,和我们相知相遇相许。

2 与其练达 不若朴素

涉世浅,点染亦浅。历事深,机械亦深。故君子与其练达,不若朴鲁;与其曲谨,不若疏狂。

译文

阅历短浅,受到的污染也少;饱经世故,城府必然也深。所以君子与其圆滑世故,不如朴素鲁直;与其谨小慎微曲意逢迎,不如豪放旷达活得潇洒。

点评

中国的传统启蒙经典《三字经》说:“人之初,性本善。性相近,习相远。”人活于世，本心纯朴善良，但在成长的过程中，难免不经受世俗的熏染。我们在学习各种技能的同时，也会沾染上很多世俗的习气。刚踏入社会的年轻人，因为阅历有限，容易保留纯真的天性，待人真诚坦率；而那些饱经世故的人，则往往充满城府，处世谨慎圆滑，待人虚与应付。所以，一个有修养的君子，经历了世事沧桑，阅尽了红尘繁华，也依然会保留天性当中真与善的部分，心胸豁达，性情开朗，坦坦荡荡。

3 心事不藏掖 才华不轻露

君子之心事，天青日白，不可使人不知；君子之才华，玉韫[1]珠藏，不可使人易知。

①韫(yùn)：蕴藏、包含。

译文

君子的心地，像青天白日般光明，没有一点不可以告人；君子的才华，像珍珠美玉般深藏不露，绝对不会让人轻易知道。

点评

陆机《文赋》说："石韫玉而山辉，水怀珠而川媚。"一座山峰，因蕴含美玉而光彩夺目；一池春水，因含纳宝珠而秀美动人。有修养的君子，心地光明，胸怀坦荡，待人真诚。他的才华犹如石中玉、水中珠，温润秀丽但毫不张扬。相反，一个人如果锋芒毕露，炫耀才华，就容易引起他人的猜忌和疏离。所以，心胸坦荡是做人的原则，才华内敛是处世的艺术。

4 机谋智巧 知而不用

势利纷华，不近者为洁，近之而不染者尤洁；机械智巧[1]，不知者为高，知之而不用者尤高。

①机械智巧:机械,计谋、心思;智巧,智谋、巧诈。

译文

世俗生活中,权势和利益纷纷扰扰,不接近它们固然很清白,而接近了却不为污染,则更显纯净高洁;权谋和术数,不知道它们固然很超脱,而知道了却不使用,则更显高尚和智慧。

点评

“人为财死,鸟为食亡。”人性中有贪婪的一面,财色名利的诱惑无处不在。《汉书》说:“势利之交,古人羞之。”以贪求财色名利为目的去依附权贵,有修养的君子是耻于去做的。能主动远离红尘诱惑的人,固然值得敬重,而那些置身在诱惑当中却不受污染的人,他们抵御财色名利的自制力,坚守道德情操的自控力,显然更胜一筹!不了解那些狡诈诡谲手段的人,固然生活得很通脱,但知道这些手段而不去运用这些手段的人,更显出其非凡的道德品性,因此就更加难能可贵。

5　逆耳拂心事　进德修身石

耳中常闻逆耳之言,心中常有拂心之事,才是进德修行的砥石。若言言悦耳,事事快心,便把此身埋在鸩毒①中矣。

①鸩毒:毒药、毒酒。相传以鸩鸟的羽毛置酒内,使酒有剧毒。

译文

耳朵经常听到不中听的话,心里经常遇到不如意的事,这才是磨练品德增进修为的砥石;如果听到的话语都悦耳动听,遇到的事情都称心如意,那就等于把一生浸泡在毒酒中了。

点评

常言道,良药苦口利于病,忠言逆耳利于行。老子《道德经》说:“信言不美,美言不信。”批评的声音尽管听起来刺耳逆心，却包含着激励人向善的真诚，使人认识到短处，及时改正，少走弯路。人生“不如意事者十有八九”，苦难是生活最好的老师。所以，哲人们常说：“宝剑锋从磨砺出，梅花香自苦寒来”，“艰难困苦，玉汝于成”。如果生活中处处都是甜言蜜语，事事都能称心如意，这无异于铺满鲜花的陷阱，危机重重。人一旦沉醉于此，很容易在不知不觉中放纵了情欲，消磨了斗志，沦陷在销魂蚀骨、充满快感的毒药里，这就叫“生于忧患，死于安乐”。

6 天地有和气 人心有喜神

疾风怒雨，禽鸟戚戚①；霁②日光风，草木欣欣。可见天地不可一日无和气，人心不可一日无喜神。

①戚戚：忧伤的样子。②霁：雨停，形容雨后或雪后放晴。

译文

狂风暴雨时，连禽鸟都感到哀伤忧虑；雨过天晴后，草木欣欣向荣一派生机。可见，天地间不可一天没有祥和之气，人的内心也不可一天没有喜悦之情。

点评

中国古代哲学的一个很高的境界，叫作天人合一。《道德经》强调“道法自然”，天地万物与社会人事，相互通连，相互影响，共同构成一个大的生命共同体。天气恶劣的时候，鸟兽恐慌不安，人心也容易感到伤悲。天气晴好的时候，草木欣欣向荣，人心也喜悦欢畅。可见，祥和的天地，能长养生命；愉悦的心情，能怡养性情。我们应该以积极乐观的态度面对生活，欢喜幸福地度过每一天。

7 真味是淡 至人唯常

酞肥辛甘①非真味，真味②只是淡；神奇卓异非至人③，至人只是常。

①酞肥辛甘:指各种浓腻的美味。酞:味道浓烈的酒。肥:美食。辛:辣味。甘:甜味。②真味:美妙可口的味道,比喻人的自然本性。③至人:道德修养达到完美无缺的人。

译文

美酒佳肴不是真正的美味,真正的美味是要在粗茶淡饭中去品味;举止奇异不是德行完美的人,德行完美的人行为举止和普通人一样平常。

点评

《道德经》说:"大音希声,大象无形,道隐无名。"音乐的最高境界听起来似若无声,物象的最高存在看起来仿佛无形,大道的最高形态是隐而不显。人生修炼的极境,在于"绚烂之极,归于平淡"。世间万物,莫不如此。就饮食而言,真正的美味佳肴,不是大鱼大肉、山珍海味,而是平平常常的粗茶淡饭。常言说,花天酒地消磨岁月,粗茶淡饭颐养天年。就人生而言,《庄子》说:"至人无己,神人无功,圣人无名。"修养达到极致的人,绝不会通过奇特的言行举止来表现自己。他们早已超越了彰显自己的功利之心,看起来往往平淡无奇。然而,正是在这种平凡中,蕴含着一种持久而伟大的力量。

8 闲时吃紧 忙处偷闲

天地寂然不动,而气机①无息稍停;日月昼夜奔驰,而贞明②万古不易。故君子闲时要有吃紧的心思,忙处要有悠闲的滋味。

①气机:指大自然的活动,即天地阴阳之气。机:活动。②贞明:光辉、光明。

译文

天地看起来肖然不动,而实际上大自然的活动无时无刻不在进行着;日月昼夜轮转不停,但它们的光明却永恒不变。所以,智慧的君子应该效法大自然:悠闲的时候要保持一定的紧迫感,忙碌的时候也要学会让内心放松。

点评

《易经》说"一阴一阳之谓道",因此"法象莫大乎天地,变通莫大乎四时"。

天地间一切现象都超不过阴阳,天地间一切现象的变化超不过四季。天地宇宙从阴阳和合而生,四时之中动静相间、变幻无穷。聪明智慧的人,能从天地的运行之道中深刻体悟到人事的变易之道,把握动静相宜的道理。因此,做事情就会未雨绸缪,张弛有度。闲暇的时候,不可过度放松警惕,要居安思危,以防不测;忙碌的时候,也要有从容不迫的气度,临事不乱,气定神闲。

9 静坐观心 妄穷真露

夜深人静独坐观心,始觉妄穷而真独露[①],每于此中得大机趣[②]。既觉真现而妄难逃,又于此中得大惭忸[③]。

①妄穷而真独露:佛教认为一切事物皆非真有,肯定存在就是妄见。真:真境,脱离妄见所达到的涅槃境界。②机趣:隐微的境地。③大惭忸(niǔ):非常惭愧。

译文

夜深人静的时候,独自静坐观察自己的内心,会发现妄念消退而真心流露。在流露的真心中,可以感悟这种幽深祥和的境界。可是,当真心出现之后,虚妄的杂念仍难根除,心里不免感到羞愧不安。

点评

儒释道三家,都特别重视内省的功夫,强调对心性的观照和觉察。在这尘世的喧嚣归于静寂的时分,独自打坐,观心内省,可以清清楚楚地感受到自己的内心:一会儿干干净净,一会儿浊流涌动;一会儿平静无波,一会儿欲念翻腾。这种真心和妄念交缠不休的状态,正是观心内省要降服和克制的最大敌人。观心,就是要充分地觉察到自己的欲念,降服欲念对真心的干扰,将自己的心安住在清净自在的境界当中。佛家讲,一念成佛一念成魔。这一念,一定要看得紧!

10 恩里生害 败后有成

恩里由来生害,故快意时须早回头;败后或反成功,故拂心处莫便放手。

译文

受尽了恩宠，往往会招来祸害，所以在得意时切不可过分沉迷其中；遭遇到挫败，或许反而有助于成功，所以不如意时切不可轻易放弃。

点评

中庸之道，过犹不及。事情做过了头，就会朝着相反的方向走，好事也成了坏事。所以，当你踌躇满志时，一定要有清醒的头脑，不可贪恋利禄而占尽好处。老子说："功成名遂身退，天之道。"大功告成，名声随之显赫，这时就要懂得适可而止、知足而退，这是为人处世的大智慧！与此相反，失败的时候，也不要因为气馁而过早地放弃。塞翁失马，焉知非福？遇到挫折，切莫自暴自弃，再多坚持一会儿，成功就在转角处向你招手。

11 淡泊明志 浮华丧节

藜口苋肠①者，多冰清玉洁。衮衣玉食②者，甘婢膝奴颜。盖志以淡泊明，而节从肥甘丧也。

①藜（lí）：俗称灰菜，草本植物，嫩叶可以吃。苋（xiàn）：苋菜。藜口苋肠：粗茶淡饭，比喻清心寡欲。②衮（gǔn）衣：古代帝王或三公穿的礼服。《后汉书·张衡传》："服衮而朝。"衮衣玉食：即锦衣玉食，比喻追名逐利。

译文

靠着粗茶淡饭度日的淡泊之士，大都洁身自好、人格高尚；而那些锦衣玉食追名逐利的人，却甘愿奴颜婢膝、低声下气。这是因为，清淡恬静的生活可以培养坚贞的意志，奢华无度的生活使人丧失崇高的品格。

点评

常言道，心安茅屋稳，性定菜根香。一个人内心安定，就算是住在茅草棚，也会睡得安稳踏实；就算是吃着青菜头，也能品出香甜的滋味。所以说，咬得菜根，则百事可做。能吃得了粗茶淡饭、泰然面对清贫生活的人，人格自然干净纯正，具备成就大业的风范；而那些追求锦衣玉食的人，欲望驱使，大多为五斗米折腰，一副奴颜婢膝的形象，令人不齿。壁立千仞，无欲则刚。悬崖峭壁之所以直立千丈，是因为没有过分的私心欲求而向其他地方倾斜。一个人若是能够抵制住物欲享乐的诱惑，保持淡泊超然的品性，自然战无不胜，攻无不克。事能知足心常泰，人到无求品自高。

12 胸怀宽广 惠泽流长

面前的田地[①]要放得宽，使人无不平之叹；身后的惠泽要流得久，使人有不匮之思。

①田地：心田、心地，比喻人的心胸气度。

译文

处世应心胸开阔，待人宽厚公正；死后应福德深厚，令人长久追缅。

点评

中国人一向看重生前身后的名声，注重为人处世的道德修养，追求名垂青史，流芳百世。论人品，古人最重气量宽宏，所以说“宰相肚里能撑船”。为人处世，一定要有一颗包容的心，凡事多为别人着想，公平公正，而不是心胸狭窄、斤斤计较。一个人的生命是有限的，其影响却可以流传很久。所以，在有限的生命中，要多行善事，广积恩泽，多为后代着想。纵使肉体死了，精神依然活着，受到人们无尽的缅怀、思念和赞扬。

13 路让一步 味减三分

径路窄处，留一步与人行；滋味浓的，减三分与人尝。此是涉世一极安乐法。

译文

遇到狭窄的路口处，不妨让一步给别人来走；品尝到美味可口的佳肴，不妨留三分和别人一同分享。这是令人无比快乐的处世方法。

点评

圣人安身立命获得快乐的最好方法，就是懂得分享、学会忍让。与人方便，自己方便。送人玫瑰，手有余香。帮忙了别人，就是在成就自己。遇事不只考虑自己，也为别人着想，善于和别人分享，就能在和谐的人际关系当中体验一种极致的幸福和快乐。

14 脱得俗情 减得物累

做人无甚高远事业，摆脱得俗情便入名流；为学无甚增益功夫，减除得物累便超圣境。

译文

为人处世，并不一定非要干出多么宏伟的事业，只要他能摆脱了凡情俗念，就能受到世人敬重；治学问道，并不需要特别的技巧功夫，只要能摆脱了外界诱惑，就能超凡入圣。

点评

做人和做学问，是人生两项重要的事情。在现代社会中，人们往往从一个人外在的事业好坏来评价个人价值。读书做学问方面，也大多从学术成就来断定一个人的学识修养。可是，《菜根谭》告诉我们，一个真正的君子，之所以受人尊敬，不一定是因为他干了一番多么伟大的事业，而是因为他的精神品格超凡脱俗，为人们树立了典范，因此受到人们的赞誉。同理，一个人书读得好，也不在于他掌握了多么高深的知识，只要他能保持精神的清醒和独立，不被世俗的财富名利扰乱了心志，就称得上是一位有高深修养的圣贤。做人也好，做学问也罢，关键在于情怀高洁、恬淡超脱。否则，贪恋耽溺于世情，心中一团浊气，纵然是紫袍锦衣，也是一身铜臭。

15 侠气待友 素心做人

交友须带三分侠气，做人要存一点素心。

译文

交友要有侠者的气概，做人要有纯朴的性情。

点评

结交朋友，除了真诚相待，还需要有一些侠肝义胆、慷慨之气。当朋友落难的时候，要敢于抗争，秉持正义，挺身而出。这样的朋友，才能肝胆相照，情比金坚。可是，在物欲横流的现代社会，人们为了一己私利，相互算计，相互利用，彼此之间的情感往往十分虚伪、浅薄。一旦遇到大的困难和挑战，便纷纷作鸟兽散，甚至反目成仇，相互倾轧。《红楼梦》说王熙凤，“机关算尽太聪明，反误了卿卿性命”，算来算去算到了最后，伤害了别人，也搭上了自己的性命。因此，做人还是要纯洁一点，简单一点，少一些机心，多一些简朴。有了淡泊的心性，自然就有了豁达的风度。

16 利毋争先 德毋落后

宠利毋居人前，德业毋落人后。受享毋逾分外，修为毋减分中。

译文

追求恩惠利益时不抢人先，修养道德品性时不落人后。享受生活不能超出一定的限度，品性修为不该低于应有的标准。

点评

《史记》里说：“天下熙熙，皆为利来；天下攘攘，皆为利往。”人生在世，最容易痴迷的，就是恩宠利益和物质享受，所以有些人拼命争夺，将德行和功业抛在了脑后。《周易》说：“天行健，君子以自强不息；地势坤，君子以厚德载物。”又说:“君子进德修业。”君子应该以提高道德修养、扩大功业建树为务,学习天道刚强劲健,奋发图强,开拓功业;学习大地厚实和顺,容载万物,增厚美德。

17　处世让一步　待人宽一分

处世让一步为高,退步即进步的张本,待人宽一分是福,利人实利己的根基。

译文

遇事时让别人一步最是高明,退让是取得进步的必要步骤;待人时宽宏大量才最有福德,利人是成就自己的坚实基础。

点评

有首古诗写道:“手把青秧插野田,低头便见水中天。六根清净方为稻,退步原来是向前。”农夫插秧,是一边插一边往后面退着的。正因为他能够向后退,才能把地里的秧苗插好。可见,谦让,不是消极的妥协,而是高明的智慧。你死我活的斗争,到了最后,往往是两败俱伤。中国自古就有“君子宽以待人”的说法,认为和气生财、和气致祥。有修养的君子,往往在祥和的氛围中,收获利人利己的事业。

18　功毁于矜　罪消于悔

盖世功劳,当不得一个矜字;弥天罪过,当不得一个悔字。

译文

哪怕有了盖世功劳,如果骄傲自满,就会功劳消减;纵使犯了弥天大罪,如果悔过自新,仍然大有希望。

点评

中国有句古老的谚语说:“满招损,谦受益。”一个人哪怕有盖世的功劳,如果志得意满，目中无人，居功自傲，很快就会招来嫉恨，吞噬苦果。他所有的功劳和辉煌，都会黯然失色。反过来说，一个人纵使犯下了弥天的罪过，如果能诚心忏悔，洗心革面，也照样可以获得人们的谅解，东山再起。所谓放下屠刀，立地成佛。哪怕是一个屠夫，如果他能放下屠刀，悔过自新，生命就会散发出善性的光泽，最后依然能够有所成就。

19　名节不独任　污名不全推

完名美节，不宜独任，分些与人，可以远害全身；辱行污名，不宜全推，引些归己，可以韬光养德。

译文

完美的名誉和高尚的节操，不应该独自占有，必须与人分享，才可以远离灾害保全自己；耻辱的行为和污秽的名声，不应该全部推脱，承担几分责任，才可以收敛锋芒提升品德。

点评

社会生活中，过分完美的赞誉和荣耀，并不意味着是好事。古人说，木秀于林，风必摧之；堆出于岸，流必湍之。森林中最高大突兀的树木，遭受的风暴必然最多；河流中央凸起的石头，遭受的水击必然最狠。有着巨大荣誉的人，往往也会伴随着非议。所以，盛名不妨与他人共享。反过来，当遭受一些辱骂和委屈的时候，不应该全把责任推给别人，而应该反躬自省，主动承担一些责任，以此来砥砺自己的品德节操。

20　业勿求满　功勿求盈

事事留个有余不尽的意思，便造物不能忌我，鬼神不能损我。若业必求满，功必求盈①者，不生内变，必召外忧。

①求盈：追求完美。《老子》："持而盈之，不如其已；揣而锐之，不如长保。"

译文

做任何事情都要留一点余地，那么造物主便不会妒忌我，鬼神也不能伤害我。假如所有事情都追求尽善尽美、登峰造极，即使不因此生起内心的混乱，也必然为此招致外来的忧患。

点评

中国古代的圣贤们提倡中庸之道，认为做事情要进退守中，保持平衡。如果用极端的方式来做事情，偏执过度，钻牛角尖，就会弦满易断，物极必反，反而给自己增加各种困难。因此，为人处世，要给别人留一些发挥才智的余地、收获利益的空间。如果把所有的好处都包揽到自己身上，事事追求完美、圆满，即使自己内心能扛得住，也难保不会招致外在的麻烦。

21 家中有真佛　日用有真道

家庭有个真佛，日用有种真道。人能诚心和气，愉色婉言①，使父母兄弟间形骸两释，意气交流，胜于调息②观心万倍矣！

①愉色婉言：面色和悦、语气委婉。《礼记》："有和气者必有愉色，有愉色者必有婉言。"
②调息：调理呼吸。佛道徒用静坐的方式来调理呼吸，保持身体和精神的祥和安宁。

译文

家庭里存在着一个真佛，生活中存在着一种真道。如果一个人能态度真诚充满和气，面色柔和语气委婉，和父母兄弟相处非常融洽、没有隔阂，这远远胜过调息观心千倍万倍。

点评

儒家主张"正心，修身，齐家，治国，平天下"，认为一个人如果能自觉调整好自己的身心状态，在家庭中尊老爱幼、使父母兄弟妻子和睦相处，自然能够处理好国家大事，管理好天下百姓，成为人们拥护爱戴的贤明君主。因此，在儒家看来，家庭是一个人修炼自己的最好道场。与家人相处时，若能心地真诚，面色和悦，语言委婉，态度柔和，尽量避免、消除父母兄弟之间的隔阂、猜疑，使家庭和睦，家族团结，家人幸福，这不就是最理想的人生境界和生活状态吗？相比于在家里烧香拜佛、坐禅悟道，这真是要胜出千万倍了！

22 定云止水 鸢飞鱼跃

好动者云电风灯，嗜寂者死灰槁木。须定云止水中有鸢飞鱼跃的气象，才是有道的心体。

译文

生性好动的人，心性犹如倏忽即逝的雷电、风中摇曳的灯火；嗜好静寂的人，心性犹如火焰熄灭的灰烬、干燥枯死的树木。真正体悟了大道的人，他的心性，就好比安静的云水中充满着鹰击长空鱼翔浅底的气象。

点评

参禅悟道之人，就是要看好自己的心，在动静相宜中体悟“道”的境界。心性躁动不安，心思飘忽不定，就好比是云中闪电、风中灯烛，令人神思不宁，难以安定。反之，如果耽溺于寂灭的心境，就好比是枯木死灰，一潭死水，生命便失去了生机，生活也了然无趣。这些都不是得道之相。最上乘的境界是动静相宜，静中有动。就好比是宁静安定的云水，在淡泊的心境当中却有鸟飞鱼跃的生机。宁静而不失灵动，安定而洋溢着生机。

23 攻人毋太严 教人毋过高

攻人之恶毋太严[①]，要思其堪受；教人之善毋过高，当使其可从。

①攻人之恶毋太严：清王永彬《围炉夜话》亦阐发此意，其原文为：“恶恶太严，终为君子之病。”

译文

批评别人的错误时不可过于严厉，要考虑到对方是否能够承受得起；引导别人行善时不可期望太高，要顾及到对方是否能够实现得了。

点评

教育别人的时候，无论褒贬，都应该懂得分寸，适可而止。对方有错的时候，一味去苛责和批评，非但起不到教育的效果，还会招致对方的逆反心理，失去教育的真谛。教人向善，也不要把标准立得太高，要求过严，要考虑到对方是否能够做到。儒家讲究“严于律己，宽以待人”，对待别人要适当的宽容。这既是一种自我的修养，也是一种处世的智慧。

24　洁自污出　明从晦生

粪虫[①]至秽，变为蝉而饮露[②]于秋风；腐草无光，化为萤[③]而耀采于夏日。因知洁常自污出，明每从晦生也。

①粪虫：粪堆中生长的虫，此指蝉的幼虫。②饮露：蝉饮露水，古时以为高洁的象征。③化为萤：萤火虫产卵在水边的草根，由卵孵化出的幼虫多半潜伏在土中，次年化蛹，变为成虫，就是萤火虫。古人不明白其中的情形，遂认为萤火虫是由腐草变化而成。

译文

粪堆里滋生的虫子非常肮脏污秽，可是一旦蜕变为蝉之后，却只是喝秋天洁净的露水；腐烂的野草本来不会发光，可是一旦孕育出萤火虫后，却在夏夜里发出耀眼的光芒。由此可以知道，洁净的东西常来自于污秽，光明的事物则常来自于黑暗。

点评

古人从生活经验中发现，餐风饮露、性情高洁的蝉，它的幼虫却生活在极其污秽的粪土当中。夏夜里闪耀光亮的萤火虫，多从腐烂荒败的野草中孕育而生。由此可见，洁与污，净与秽，并非绝对对立，而是在一定条件下相互转化。

人生也是如此。常言说，英雄不问出身。成就一番功业的英雄，也许出身卑贱，但也不必因此苦恼。恶劣的环境往往是一个人砥砺品性、成就大业的磨刀石。莲花出淤泥而不染。当我们的生命处于污浊阴暗的阶段时，一定要坚信，经历了污浊阴暗，就会迎来光明的未来！

25　降服傲气　消杀妄心

矜高倨傲，无非客气①；降服得客气下，而后正气伸。情欲意识，尽属妄心，消杀得妄心尽，而后真心现。

①客气：指言行虚娇，不是出于至诚。

译文

一个人之所以心高气傲，无非是受了外来邪念的影响。只要能把这种虚假的邪念消除，光明磊落的气质就能表现出来。一个人的情欲和意识，皆是虚幻无常的妄念妄想。消除了这种妄念妄想，善良正直的本性就可以显现。

点评

佛教经典《金刚经》说："何期自性，本自清净。"佛教认为，人的心性如天地日月，原本清净而又光明。那些傲慢、自负、贪婪、情欲、偏见等，好比是镜面蒙上的尘埃，使人的心镜变得灰暗污浊。因此要"时时勤拂拭，莫使惹尘埃"。一个人要经常性地打扫心灵中的灰尘，降服住内心的躁动和妄念，这样才能使本心的明镜重现光明和清净。

26　性定则安　动无不正

饱后思味，则浓淡之境都消；色后思淫，则男女之见尽绝。故人常以事后之悔悟，破临事之痴迷，则性定而动无不正。

译文

酒足饭饱后再回味品过的美食，所有美味都已体会不出；情欲满足后再回忆欲望来临时的激情，所有男欢女爱的冲动皆烟消云散。因此假如人们能经常铭记事后的悔悟，来破除面对某件事情时的执着和痴迷，就可以消除错误的欲念，保持心性的镇定，所做的事情就没有一件不合乎正理。

点评

孟子说："食色，性也。"人在饥饿的时候，充满了对美食的渴望；情欲萌动的时候，难以抵挡美色的诱惑。可一旦酒足饭饱、男欢女爱之后，对它们就不再痴迷。同样的道理，在生活中，人们因为不了解，不曾经历，对一些事情常常充满了好奇、渴望和冲动。等有了阅历之后，就会发觉很多事情不过如此，慢慢也就失去了最初的激情和迷狂，不再执着。那些阅历丰富的人，他们从经历当中获得了充分的感悟，当他再次遇到各种诱惑时，就能保持内心的镇定，不会轻易被表象迷惑。因此，一个完满的人生，离不开丰富的阅历，更离不开经历之后的反省。常常把那些反省的道理铭记于心，做事情就可以保持清醒，避免错误。

27 居官有山气 在野怀治才

居轩冕①之中，不可无山林的气味；处林泉②之下，须要怀廊庙③的经纶。

①轩冕：古制大夫以上的官吏，出门时要穿礼服（冕）坐马车（轩）。喻高官。②林泉：喻文人雅士的隐居之地。③廊庙：喻在朝从政做官。

译文

在朝廷里身居要职时，不可失去山林隐士的清高志趣；在山野中逍遥隐逸时，应当保持胸怀天下治国理政的才能。

点评

一个人身居高位，容易被各种声名和俗务牵累，这时候应有几分淡泊的情怀，才能保持从容不迫的气度。赋闲在家，悠游自在，没有了官场事务，人也容易变得慵懒冷漠。这时候应保有几分对社会的责任感,保持对时事的关注,不至于失去为官处世的才能和智慧。这样的人生,不管是出世还是入世,都会过得收放自如,进退有度。

28 无过是功 无怨是德

处世不必邀功,无过便是功;与人不求感德,无怨便是德。

译文

人生在世,不必拼命去争取奖赏,只要不出错误就算是功劳一件;帮助他人时,不希求对方感恩回报,对方只要不怨恨自己就算是功德无量。

点评

日常生活中,当人们做出了一点小成绩,带给了别人一点帮助时,总喜欢居功自傲,认为都是自己的功劳,希望别人感恩戴德,很快给予回报。这些都是私心太重的表现,不利于提升一个人的道德境界。一个有修养的人,需要有一些无私奉献的精神。做事情时,不必一味地追求功利、炫耀自己。帮助他人时,不必强求他人的感恩和报答。只要自己不出差错,不招致他人的怨恨,这就是最大的功德。

29 忧勤不宜苦 淡泊不宜枯

忧勤①是美德,太苦则无以适性怡情。淡泊是高风,太枯则无以济人利物。

①忧勤:出自《史记·司马相如传》。原句为:"且夫王事固未有不始于忧勤,而终于佚乐者也。"

译文

忧思勤劳是很好的品德，但过于疲惫劳累，就很难调适生活，颐养性情；看淡功名利禄固然品格高尚，但过分清心寡欲处世冷漠，就很难对社会作出贡献。

点评

《诗经》曰："战战兢兢，如临深渊，如履薄冰。"一个人有强烈的事业心和责任感，兢兢业业、勤勤恳恳地完成工作，这是值得赞许的。但如果只知道工作和事业，过分辛劳而心力交瘁，精神紧绷而得不到放松，就会适得其反，失去生活的乐趣。一个人能够看淡名利，品性当然算得上高尚。但过分的清心寡欲，以至于心性变得冷漠，没有对国家社会的责任感，那么，这样的淡泊也就失去了价值和意义。一生中，一定要学会平衡事业与生活、功名与品性之间的关系，这样生活才不至于走入歧途。

30　穷困察初心　功成观末路

人至事穷势蹙[①]，宜原其初心；士当功成行满，要观其末路。

①蹙(cù)：穷困的意思。

译文

穷困窘迫的人，应该不忘初心；功成名就的人，要保持晚节。

点评

人在创业的时候，踌躇满志，充满信心。一旦遭遇挫败，难免心灰意冷。这时，最需要的就是保持信心和勇气。想一想当初的发心，想一想最初的动力，就会多一份对眼前困境的释怀，不会轻易去放弃。当一个人功成名就的时候，最容易志得意满，不思进取。古人说"行百里者半九十"，很多人都是在成功的最后一刻没有把握好，结果前功尽弃，功亏一篑。所以，对那些成功者而言，如果不珍惜自己的福分，利欲熏心，行为放荡，那么他的辉煌很可能就是失败的开始，到最后晚节不保，一败涂地。

31 富贵宜宽厚 聪明宜敛藏

富贵家宜宽厚，而反忌刻，是富贵而贫贱其行矣！如何能享？聪明人宜敛藏，而反炫耀，是聪明而愚懵其病矣！如何不败？

译文

富贵家庭待人应宽厚仁慈，可是很多人反而刻薄寡恩。这种人虽然身为富贵之家，行径却完全等同贫贱之人，如何能长久享有富贵呢？聪明人本应收敛起锋芒，可是很多人反而炫耀夸矜。这种人虽然看上去很聪明，实际上却愚蠢透顶，到头来又怎能不失败呢？

点评

现实生活中，富贵人家拥有丰厚的社会资源和物质财富，处于社会的中上层。他们的家风，待人处世的态度，更容易受到人们的关注，成为街头巷议的热点。在人们的印象中，富贵之家，理应待人宽厚，才显雍容的气度。如果自己享受荣华富贵，对待别人却刻薄寡恩，像个吝啬鬼一样，就会引起人们的普遍反感，这样的富贵很容易招致祸患。才华横溢的人也一样，一味显摆自己，锋芒毕露，只会让人们远离他。保持谦逊的态度，才能赢得人们的敬重，从而立于不败之地。

32 居卑处晦 守静养默

居卑而后知登高之危，处晦而后知向明之太露；守静而后知好动之过劳，养默而后知多言之为躁。

译文

站在低下处会知道，攀到高处容易粉身碎骨；站在阴凉处会知道，面向光亮容易刺痛眼睛；心神宁静会知道，奔波钻营的人太辛劳；性情内敛会知道，喋喋不休的人太浮躁。

点评

俗话说，当局者迷，旁观者清。身居高位，固然有“会当凌绝顶，一览众山小”的豪迈，但也有“高处不胜寒”的忧患。只是人们在向上攀登的时候，很难觉察到身处的险境。而那些在山下的人，却将危耸的山势看得清清楚楚、明明白白。聚光灯下，舞台上的主角光彩夺目。孰不知，一颦一笑间，他的爱恨苦乐，也尽是入人眼底、一览无余。在一片宁静当中，方能体会钻营奔波的辛劳；在一片静默当中，更能反观喋喋不休者的躁动。因此，人生处在不同的境遇，会看到不同的风景，获得不同的感悟。只有从多角度、全方位去观察，才能全面了解生活的真相。

33　放下执妄　超凡入圣

放得功名富贵之心下，便可脱凡；放得道德仁义之心下，才可入圣。

译文

一个人能够摆脱功名富贵思想的约束，就可以超越庸俗的尘世杂念；一个人能够不受道德仁义教条的束缚，就可以进入真正的圣贤境界。

点评

富贵荣华，名誉声望，这些都是世人热衷于追求的。对于修行者来说，修行，就是修炼自己在面对富贵名利及内心欲望时的心态。享受荣华，获得声誉，本无可厚非。可是，内心如果执着于此，生命中只剩下了追逐财富和名利，这样的人，实际上不过是富贵名利的奴隶而已，何谈自由和超脱呢？

34　知见害心　聪明障道

利欲未尽害心，意见乃害心之蟊贼[①]；声色未必障道，聪明乃障道之藩屏[②]。

①蟊（máo）贼：专吃禾苗的害虫，比喻祸根。②藩屏：指障碍。

译文

名利和欲望未必会伤害人的心性，偏执和偏见才是蛀蚀心灵的毒虫；音声美色未必能够损害人的修养，自作聪明才是败坏德行的障碍。

点评

相比于追名逐利和声色犬马，一个人内心的偏见、邪思，乃至自以为是、自作聪明，这些不良的心性给身心带来的戕害更甚。声色犬马、七情六欲因为都在显处，容易指正和克服。但是，内在的偏见、自作聪明，往往会遮蔽一个人的判断，且更加不易觉察，最终会伤害原本健全的心智，使聪明人也变得愚蠢糊涂。

35　难行退一步　易行让三分

人情反复，世路崎岖。行不去处，须知退一步之法；行得去处，务加让三分之功。

译文

世事人情变化不定，人生之路起起伏伏。当事业遭遇瓶颈难以推进时，必须明白后退一步的处世方法；而当事业一帆风顺时，务必懂得谦让三分的处世原则。

点评

世间人情变幻莫测，人际关系复杂多变。人生路从来不是坦途，总是曲曲折折，充满变化的。所以，当遇到过不去的坎时，不勉强，不强求，适当地放慢脚步，以退为进，才能更好地认清形势，不白白消耗时间和精力。当事情进展得一帆风顺时，更需要谨慎谦和，礼让三分，才不会得意忘形，招致灾祸。

36　不恶小人　礼待君子

待小人不难于严，而难于不恶；待君子不难于恭，而难于有礼。

译文

对待品行不端的小人，态度严厉并不算困难，难的是不去憎恨他们；对待品德高尚的君子，态度恭谨并不算困难，难的是有恰当的礼节。

点评

憎恨小人敬重君子，乃人之常情。对于缺少修养、品行不端的小人，人们不难做到严词厉色、痛责呵斥，难的是能够摒弃内心的偏见和厌恶，以平常心来对待他们。对于修养深厚、德高望重的君子，人们大多都会毕恭毕敬，却很难做到不卑不亢，保持恰当的礼节。平常心即道。无论是对待君子还是小人，都应该保持一种平常宽和的态度，加强自己的修养。

37 留些正气 遗个清白

宁守浑噩而黜聪明，留些正气还天地；宁谢纷华而甘淡泊，遗个清白在乾坤。

译文

宁可保持昏蒙纯朴的本性，而摒除自作聪明的伎俩，保留住一些纯朴天性中的浩然正气；宁可远离世间的荣华富贵，心甘情愿过清淡安宁的生活，在人世间保留下一个清白的美名。

点评

俗话讲，聪明反被聪明误。一个人的思想和智慧是有限的，用自己的一点才识去算计别人，投机取巧，看似占到了一些便宜，最后一定会被自己的偏见所害，损人不利己。中国古代伟大的哲人老子说：“道法自然。”人生处世，应该向天地万物学习，少一些机巧算计，多一些纯朴自然。只有这样才能保持正直善良的天性，留下纯洁质朴的名声，收获宁静祥和的人生。

38 心伏魔退 气平则宽

降魔者先降自心，心伏则群魔退听；驭横者先驭此气，气平则外横不侵。

译文

要制伏恶魔必须先制伏自己内心的恶念，恶念摒除之后，所有其他的恶魔自会消失不见。要控制骄横必须先控制自己骄躁的情绪，心平气和时，所有外来的骄横就不会侵扰心志。

点评

佛教的经典《华严经》说："心如工画师，能画诸世间。"一个人的心，就好比是画师的画笔，生活中的万事万物，无不从心而生。可见，生活中所有的妖魔鬼怪，根本的出处都来自于心中之魔。只有降服住内心的邪思邪念，心性如如不动，外在的妖魔鬼怪自然不战而退。对待暴戾蛮横也是如此。如果要控制外界的种种横逆，必先控制内心的虚浮之气。"敌军围困万千重，我自岿然不动。"心如止水，稳如磐石，则百邪不入，百毒难侵。

39 教弟子如养女 严出行慎交友

教弟子如养闺女，最要严出入谨交游。若一接近匪人，是清净田中下一不净的种子，便终身难植嘉禾矣！

译文

教育弟子们应像养育女儿一样，必须严格约束他们的行为和交往的朋友。万一放松警惕让他们交上品行不端的人，就好比在良田里种下了坏种子，从此他们就很难有大出息了。

点评

古话说，近朱者赤，近墨者黑。一个人处于成长的阶段时，习惯正在养成，品性正在塑造，这时候一定要从严要求、从严管理。尤其是他身边的朋友，一定要择善而交，从善如流。否则，结交一些狐朋狗友，受到不良的影响，沾染上不好的习气，就好比在良田里种下了坏种子。一旦误入歧途，教育起来就会非常困难。

40 染欲堕深渊 畏学隔千山

欲路[1]上事，毋乐其便而姑为染指，一染指便深入万仞；理路[2]上事，毋惮其难而稍为退步，一退步便远隔千山。

①欲路：诱发人的欲望、情欲的事情。②理路：理论、道理。

译文

诱惑人心的事情，不要贪图眼前的利益就心怀侥幸地伸手沾染，一旦伸手就坠入万丈深渊。求学问道的事情，不要畏惧它艰难困苦就放松了努力，稍有松懈便一退万里。

点评

俗话说，学如逆水行舟，不进则退；心似平原跑马，易放难收。人有七情六欲，难免不受到外界诱惑。稍有沾染，就很容易放纵自己享乐其中，最后一步步堕落。而后天的学习如逆水行舟，稍有松懈就会退之千里。因此，面对欲望诱惑的时候，人一定要提高警惕，懂得克制。后天学习时，要精进努力，不可懈怠，否则真是前功尽弃，一事无成。

41 君子起居嗜好 不可浓艳枯寂

念头浓者，自待厚，待人亦厚，处处皆浓；念头淡者，自待薄，待人亦薄，事事皆淡。故君子居常嗜好,不可太浓艳,亦不宜太枯寂。

译文

一个饱含热情的人,往往能够善待自己,同样能够善待他人,做任何事情都充满温度。一个心肠冷漠的人,不但自己过清冷的生活,对待别人也很凉薄,凡事都刻薄冷淡。可见有教养的君子,在日常生活中,既不过分喧嚣浮华,也不过分刻薄冷淡。

点评

人的个性千差万别,过的生活也是五颜六色。那些性格外向、活泼开朗的人,对生活充满了热情,喜欢热闹,爱好社交。然而,开朗过了头,整日嘻嘻哈哈,各种人情派对,人就很难静下来,生活也容易变得喧躁。那些性情寡淡的人,自己过得单调,对待别人也容易态度冰冷,这样的人也不讨人喜欢。一个有良好教养的君子,生活要浓淡相宜,既不为人狎昵、喧嚣躁动,也不会待人刻薄、枯燥乏味。

42　不为君相牢笼　不受造化陶铸

彼富我仁①,彼爵我义,君子固不为君相所牢笼;人定胜天,志一动气②,君子亦不受造化之陶铸③。

①彼富我仁:出自《孟子·公孙丑下》。原文为:“晋楚之富不可及也。彼以其富,我以吾仁。彼以其爵,我以吾义。吾何谦乎哉?”②志一动气:志,理想愿望;一,专一、集中;动,统御;气,情绪气质。《孟子·公孙丑上》:“志一则动气,气一则动志。”③陶铸:范土制器为陶,熔金作器为铸。

译文

别人有财富我有仁德,别人有爵禄我有正义,所以真正的君子绝不会被强权者所控制;一个人意念坚定就能战无不胜,意志专一就能转变气质。所以真正的君子绝对不会被命运所摆布。

点评

古代的哲人孟子说："富贵不能淫，贫贱不能移，威武不能屈。"一个修养高深、有所作为的君子，不会被外在的高官厚禄所诱惑，以至于在追名逐利当中迷失自己。相反，面对富贵，君子依然能够坚守内心的仁德和正义，不僭越道德的底线。孟子说："志一则动气，气一则动志。"一个人拥有定力，意志专一，外在的气质就会变得磊落光明、风度翩翩。反过来，磊落光明的气质，也会在无形中涵养一个人的内在性情。荀子说："君子役物。"有定力的君子，以心役物，以心转物，在超然物外的境界当中，不受命运的摆布。

43　立身高一步　处事退一步

立身不高一步立，如尘里振衣，泥中濯足，如何超达？处世不退一步处，如飞蛾投火，羝羊触藩[1]，如何安乐？

①羝(dī)羊触藩：公羊角挂在篱笆上，比喻进退两难。《易经·大壮》："羝羊触藩，不能退，不能遂。"

译文

修养品性如果不能从高处立足，就好像在尘土里掸拭衣服，泥水里洗濯双脚，如何能超越凡俗洁身自好？为人处世如果不能留些余地，就好像飞蛾扑火，公羊把角钻入篱笆，如何能使自己身心安乐？

点评

修身养性，一定要立志高远，才能视野开阔，胸襟豁达，超凡脱俗。在与世人同流合污中谈修养，就好比是一个人在尘土中掸衣服，在污泥中洗脚，何谈心性的高洁和超脱呢？为人处世，一定要懂得谦和，做事情留有余地。否则，一味勉强去做，就好比飞蛾扑火，真是自取灭亡，又如羝羊触藩，让自己进退两难。

44　收拾精神　潜心治学

学者要收拾精神并归一路。如修德而留意于事功名誉，必无实诣；读书而寄兴于吟咏风雅，定不深心。

译文

治学的人一定要排除杂念，集中精神专心致志地研究。如果修养品德的同时，沽名钓誉追求名利，一定没有什么真正的收获；如果读书学习的同时，寄情于吟诗作赋表现自己，一定会很肤浅而无所成就。

点评

做学问一定要聚精会神、专心致志，要能够摒弃外在的干扰、杂念，全身心投入进去。否则，怀着强烈的功利心读书，内心装的全是功名利禄，就好比以节操自居的人，心里想的却是自己的名誉声望，这样是不会有真正的修养和进步的。又或者不务实学，只追求文辞写作的精美雅致，既学不到真本事，也得不到真受用，对书籍的理解也十分肤浅。

45 心为欲闭情封 真趣咫尺千里

人人有个大慈悲，维摩[①]屠刽无二心也；处处有种真趣味，金屋茅檐非两地也。只是欲闭情封，当面错过，便咫尺[②]千里矣。

①维摩：维摩诘的简称，佛教著名的在家居士，精通佛理。②咫尺：一咫是周制八寸，指极短的距离。

译文

如果每个人都有一颗慈悲的仁心，那么即使是屠夫刽子手，也和大居士维摩诘没有区别；如果做任何事情都怀有一种纯净的真趣，那么即使住在茅棚，也和住在金屋里没有区别。只可惜人的心灵经常为情欲封闭，与生活的真趣失之交臂，结果是差之毫厘、失之千里。

点评

佛说："一切众生，皆具如来智慧德相，但因妄想执着，不能证得。"凡夫与圣贤，众生与佛陀，并没有不可逾越的鸿沟。而之所以存在着差别，是因为人内心的贪婪、嗔恨和痴迷。种种的情思欲念,在佛教看来都是阻碍人心智慧和道德的"妄想执着",是需要摒除和丢弃的。那么,如何摒除这些妄念呢?这就需要培养一个人的慈悲心和真性情。慈悲为怀,善待他人,可以破除一个人的私心、私情,增进人与人之间的关爱;做人真诚,保持本色,就会减少虚伪算计,加强个人的品性和修养。

46 修德木石念 济世云水心

进德修道,要有个木石的念头①。若一有欣羡,便趋欲境;济世经邦,要有段云水的趣味。若一有贪著,便坠危机。

①木石的念头:以枯木寒石比喻坚定而不为所动的念头。佛教临济宗有枯木禅的说法,意在止息妄念。黄檗禅师《传心法要》:"如枯木石头去,如寒灰死火去,方有少分相应。"

译文

修养道德磨练心性的人,必须有木石一样坚定的意志。如果对外界的荣华有所羡慕,那就会被物质情欲迷失本心;治理国家服务大众的人,必须有云水一样的淡泊胸怀。如果对世俗的名利有所贪求,就会坠入危机四伏的深渊。

点评

身处繁华红尘,声色犬马的诱惑近在咫尺。古人曾说:"出舆入辇,厥痿之机;洞房清宫,寒热之媒。皓齿蛾眉,伐性之斧;甘脆肥酸,腐肠之药。"人一旦放纵情欲,在纸醉金迷中流连忘返,身心皆会受到严重的戕害。因此,有智慧的君子,在欲望的都市中,心志会像坚硬的枯木顽石,坚定而又克制;处世能如灵动的白云流水,不失操守,不远红尘。

47 吉人皆和气 凶人藏杀机

吉人无论作用安详，即梦寐神魂无非和气；凶人无论行事狠戾，即声音笑语浑是杀机。

译文

心怀善念的人，言行举止皆镇定安详，甚至梦里也洋溢着祥和之气；心怀恶念的人，性情乖戾狠毒，就连说笑时也充满着杀气。

点评

一个人内在的品性，往往会通过外在的一言一行表现出来。因此，从古至今，中国人都讲求“察言观色”。通过观察对方细微的神色变化，学会识人、辨人。主动地亲近君子，自觉地远离小人。心地善良的人，言行举止自然透露着一股祥和之气；内心邪恶的人，眉目中隐藏着某种杀机，显得乖戾狠毒。

48 欲无罪于昭昭 先无罪于冥冥

肝受病则目不能视，肾受病则耳不能听。受病于人所不见，必发于人所共见。故君子欲无罪于昭昭，必先无罪于冥冥。

译文

肝脏患了疾病眼睛就看不见，肾脏患了疾病耳朵就听不清。病虽然生在人看不见的肝脏，但病症却发作于人能见的地方。所以君子要想表面没有过错，必须在看不见处下功夫。

点评

儒家认为，一位有修养的君子，首先要做到诚意、正心。要真诚地面对自己的本心，以美好的善德为正心的标尺。然而，在人前做出一副真诚善良、彬彬有礼的绅士样子是容易的，难的是人后也保持一致。一个人德行如何，在他独处时才表现得更加真实。所谓“君子慎独”。修养品德,必须从独处做起。只有真正修好“慎独”的功夫,才能做到心诚意正,襟怀坦荡。

49 少事为福 多心生祸

福莫福于少事,祸莫祸于多心。唯苦事者,方知少事之为福,唯平心者,始知多心之为祸。

译文

人生最大的幸福是少事清闲,人生最大的灾祸是焦虑猜疑。只有辛苦忙碌的人,才懂得平安无事的幸福;只有心平气和的人,才明白猜忌多疑的祸患。

点评

古话说得好:“洪福易得,清福难享。”世间的富贵名利,是很多人向往和追求的。只要努力奋斗,都能小有所成,生活过得富裕、安康。可是,洪福再好,烦恼难消。除非一个人有很高的精神修养,否则生活中处处都是劳碌和牵挂,人也就在疲于奔命中错过了很多生命的美好。所以,宋代的文学家苏轼说:“人间有味是清欢。”生命中最难能可贵的福祉,就是浮生闲情——在一片悠然的心境当中,体味身心的清净与祥和。

50 处世方圆并用 待人宽严互存

处治世宜方,处乱世宜圆,处叔季之世①当方圆并用。待善人宜宽,待恶人宜严,待庸众之人当宽严互存。

①叔季之世:古时用伯、仲、叔、季作为少长的顺序,叔季在兄弟中排行最后,比喻末世。《左传》孔颖达疏曰:“国衰为叔世”,“将亡为季世”。

译文

在政治清明的治世，做人应当严正刚直；在政治黑暗的乱世，做人应当随机应变；在国将不国的末世时期，则应当刚直与圆滑并用。对待善良的君子要宽容厚道，对待奸险的小人要严肃不苟，而对待一般的平民大众，则应当宽严互存，恩威并施。

点评

古代先哲韩非子说："世异则事异。"世界形势风云变幻，人们生活的社会环境也会随之而变。因此，人一定要用发展的眼光看问题，具备变通的思维，以顺应时代发展的要求。为人处世，没有绝对的黑与白、对与错、善与恶。古人讲"知人论世"，就是要根据对方的品性调整自己待人接物的方式。这样，无论是身处盛世还是乱世，面对善人还是恶人，一个人都能游刃有余，使自己立于不败之地。

51 忘功不忘过 忘怨不忘恩

我有功于人不可念，而过则不可不念；人有恩于我不可忘，而怨则不可不忘。

译文

我帮助别人有了功劳，不可念念不忘；如果犯了过错伤害他人，则应该时时反省。别人帮助了我，不能忘记恩情；如果做了对不起我的事，则应该宽容不计较。

点评

中国是人情社会，人与人之间的关系大多靠道德力量来维系。道德修养中，知恩图报，以德报怨，都是中国人的美德。古人说，滴水之恩，当涌泉相报。别人对自己的恩惠，哪怕像一滴水那么微小，也要牢记于心，有所报答。人际交往中出现一些小摩擦，如果不涉及底线的问题，就应该宽宏大量，以和为贵。常怀一颗感恩之心，宽和待人，就会使人与人的相处变得轻松、和谐，充满情谊。

52 施恩不求功 利物不图报

施恩者,内不见己,外不见人,则斗粟可当万钟[①]之报;利物者,计己之施,责人之报,虽百镒[②]难成一文之功。

①万钟:钟为古时量器名。万钟极言其多。②镒(yì):古时二十四两为一镒。

译文

施恩于人者,既不挂于心,也不张扬于外,这样即使是一斗米的恩惠,也相当于万钟粟的恩情;帮忙他人者,如果计较自己的付出而要求人家回报,那么即使是付出了黄金万两,也难有一文钱的功德。

点评

古代的圣贤老子说:"上善若水。水善利万物而不争。"人生最高的善德就像水一样,润泽万物利养众生,却不争一己之名,不贪一己之功。"夫唯不争,故天下莫能与之争。"这种不贪求、不勉强的处世态度,彰显的正是一个人从容不迫、容纳百川的崇高境界。唯有这种崇高的精神境界,才能真正赢得民心,使一个人在润物细无声的低调平和中,收获世人的敬重和拥戴。

53 际遇不必齐 情理不必顺

人之际遇,有齐有不齐,而能使己独齐乎?己之情理,有顺有不顺,而能使人皆顺乎?以此相观对治,亦是一方便法门[①]。

①方便法门:佛教词汇,方便为权宜之意,法门为领悟佛法的通路。

译文

每个人的遭遇都不尽相同,有的顺利有的坎坷,怎能企求好运气都到自己这里来?自己的情绪时好时坏,又怎能要求事事都顺心如意?以此扪心自问反躬自省,是领悟人生道理的门径。

点评

人生路上，有坦途也有曲折，有风平浪静时，也有雨骤风狂日。人的心情也是起起伏伏，喜怒哀乐，交杂变化。常言道，花无百日红，人无千日好。由此观之，诸事顺遂不过一厢情愿，时运不济实乃人世常情。因此，面对人生的风雨，要学会平心静气、泰然自若。以不变应万变，才是为人处世应有的态度和修养。

54 读书学古 心地清净

心地清净，方可读书学古。不然见一善行，窃以济私，闻一善言，假以覆短，是又藉寇兵而赍盗粮[1]矣。

①藉寇兵而赍(jī)盗粮：语出《谏逐客书》。

译文

心地干净纯洁，才可以读书治学、学习古人。否则看到书中的善行，就会偷偷模仿，用来满足私欲；听到了书中的好话，就会借用过来，遮掩自身缺点，这等于是给敌人借用兵器、给强盗资助粮草。

点评

古人讲，贤者贵为德。饱学之士未必人品就好。历史上有相当多的大恶之人，往往利用他们的才学，给社会和人类带来灾难，沦为千古罪人。《弟子规》说道："弟子规，圣人训。首孝悌，次谨信。泛爱众，而亲仁。有余力，则学文。"古代圣人教导弟子，首要的就是培养一个人良好的品德。在尊老爱幼、恭敬诚信、仁爱亲贤的基础上，才进一步阅读典籍，增长知识。因此，读书学习，心地一定要干净、善良，要以德为贵，德才兼备。

55 知足则盈 抱朴而真

奢者富而不足，何如俭者贫而有余；能者劳而招怨，何如拙者逸而全真。

译文

奢华无度的人，即使财富再多也仍觉不够用，哪里比得上节俭的人虽然清贫却有盈余？能力突出的人，辛苦操劳却招来怨恨，哪里比得上愚笨的人无忧无虑而保全真性？

点评

节俭，是中华民族的传统美德。唐代的大诗人李商隐作诗曰："历览前贤国与家，成由勤俭败由奢。"一个人财富再多，也经不起挥霍。只有开源节流，才能一点一点地积累起财富，享受富足的生活。为人处世，那些蝇营狗苟的人，为了名利不择手段，费尽心机。他们看似占了一些便宜，获得了一些利益，却也给自己树立了很多敌人，招致无形的怨妒和排斥。他们的生活，哪里比得上那些纯朴淡泊的人，过得真实而又轻松呢？

56 讲学尚躬行 立业思种德

读书不见圣贤，如铅椠佣①；居官不爱子民，如衣冠盗②。讲学不尚躬行，为口头禅③；立业不思种德，为眼前花。

①铅椠(qiàn)佣：笔墨纸砚的奴隶。铅，古代印刷文字时用的铅粉。椠，木牍，古代写字用的硬木片。在没有发明纸笔以前，古人在木板上刻字，因以铅椠代表纸与笔。②衣冠盗：衣冠楚楚的盗贼，比喻道貌岸然。③口头禅：学用和尚的只言片语作为谈话的点缀，并没有领会其中的佛理。比喻依样学样，没有真正领会。

译文

读圣贤书而没有领会思想精髓，就像个没有独立见解的印刷工；做官而不爱护百姓，就像个衣冠楚楚的盗贼；讲授学问却不身体力行，就像个说禅却不懂佛理的和尚；建功立业却不积德行善，就像是昙花一现难以持久。

点评

古人治学，是为了躬身实践，学以致用。读书不能拘泥于表面字句，而应在实践当中体会圣贤的深意。为官一任，就要造福一方。古人称做官的人为“父母官”。父母是子女的主宰，又最疼爱自己的子女。所以，为官之人要像父母爱孩子一样爱护他的子民，时时刻刻将人民的利益放在首位。创立功业的同时，还要积德行善，要把人民的福祉作为评判功业的最高标准。否则，只追求自己的声望利益，背离人民的利益要求，这样的功业也不过是昙花一现，难以长保。

57　扫除外物　直觉本心

人心有一部真文章，都被残篇断简[①]封固了；有一部真鼓吹[②]，都被妖歌艳舞湮没了。学者须扫除外物，直觅本来，才有个真受用。

①残篇断简：指古代遗留下来的残缺不全的书籍，比喻物欲杂念。②鼓吹：古代用鼓、钲、箫、笳等合奏的乐曲。泛指音乐。

译文

每个人的心里都有一部自然纯真的好文章，可惜被物欲杂念给封闭了；每个人的心里都有一首美妙动人的好乐曲，可惜被妖歌艳舞给淹没了。所以，知识分子做学问，必须扫除外界的纷纷扰扰，保持内在的纯真本性，才能有真正的收获。

点评

道家讲究自然真趣，反对矫揉造作。认为在人的自然本性当中，存在着至高无上、纯净无染的生命本体，只是被后天人为设置的条条框框给扭曲了。因此，道家修养的最高境界，就是“复归于婴儿”，回归纯朴天真的本心本性，恢复婴儿般纯净的生命本体。做学问的人，立足于书籍又要超越书籍。只有破除了那些教条式的说教，向内寻取人心的本来面目，才能真正领悟大道，学有所获。

58　苦不忘乐　乐不忘忧

苦心中常得悦心之趣，得意时便生失意之悲。

译文

劳苦疲惫时，要经常感受一些令人愉悦的情趣。志得意满时，要适当保持一些失意时的忧思谨慎。

点评

物盛而衰，乐极生悲，不仅是人生的常态，更体现着一种深刻的宇宙规律。那就是在纷繁多变的现象之中，潜藏着一种内在的平衡。因此，儒家讲："极高明而道中庸。"人生的境遇，不论是顺是碍、是悲是喜，古代的哲人们都反对偏泥一端，而是主张以中节调和的态度处之。当人们苦心孤诣地追求目标时，要有一些忙里偷闲、苦中作乐的工夫，使自己张弛有度，收放自如。志得意满的时候，更要谨慎小心，以防乐极生悲，泰极而否。

59 植道德根 养功名花

富贵名誉，自道德来者，如山林中花，自是舒徐繁衍；自功业来者，如盆槛中花，便有迁徙兴废；若以权力得者，如瓶钵中花，其根不植，其萎可立而待矣。

译文

一个人的富贵声名，如果是通过道德修养而得来，就如同生长在山林中的花草，自然会枝繁叶茂、声名持久不断；如果是通过建功立业而得来，就如同盆栽花卉，会因时局变迁而产生兴衰荣辱的变化；如果是通过权势力量而得来，就如同花瓶中插入的花朵，因为没有根植在土地中，凋谢枯萎只在朝夕之间。

点评

现实生活中，一个人获得名誉声望、享受荣华富贵的途径是多种多样的。这里，作者指出了其中三种：道德、功业和权势。值得一提的是，道德在中国人的心目中，始终享有至高的地位。古人说："太上有立德，其次有立功，其次有立言。"一位君子，如果想获得不朽的声名，最高的标准就是以德立世，树立自己至高无上的美德。其次，才是事上立功，著书立言。孔子说："君子爱财，取之有道。"物质财富的获取必须要有道义的合理性，这样才能问心无愧、保持长久。

60 君子一朝得志 当思立言行事

春至时和，花尚铺一段好色，鸟且啭几句好音。[1]士君子幸列头角[2]，复遇温饱，不思立好言行好事，虽是在世百年，恰似未生一日。

①按张潮《幽梦影》："秋虫春鸟，尚能调声弄舌，时吐好音。我辈搦管拈毫，岂可甘作鸦鸣牛喘。"与此则可互参。②头角：气象峥嵘，比喻才华出众。

译文

春天来临，风和日丽，百花争妍，为大地点缀一些美丽的色彩；百鸟鸣啼，吟唱出许多动人的乐声。才华出众的读书人，如果有幸崭露头角，从此衣食无忧，却写不出好文章，不为百姓做一些好事，那么他纵然安稳度过一生，也像是连一天都没有活过一样。

点评

人生在世，总要为社会作一些贡献，为子孙后代留下一些有价值的东西。唐代大诗人李白说："天生我材必有用。"上天造就一个人，就一定有他存在的价值。墙角的花朵尚能装点世界的美丽，更何况是满腹才华的读书人呢？拿破仑曾说，不想当将军的士兵不是好士兵。读书人哪怕不能登科及第，为老百姓多做好事，也要努力留下一些好文章。否则人生百年，岂不白白虚度？

61 兢兢业业 潇潇洒洒

学者有段兢业[1]的心思，又要有段潇洒的趣味。若一味约束清苦，是有秋杀无春生，何以发育万物。

①兢业：兢兢业业，尽心尽力。

译文

做学问的人，既要专心治学勤奋钻研，也要洒脱豁达不受拘束。如果只是一味克制自己过清冷孤苦的生活，生命就如同萧瑟肃杀的秋天，失去了春天般的勃勃生机，如何能滋养万物呢？

点评

读书求学，一定要勤奋刻苦，奋发图强。但不必因此就像个苦行僧一样，用极端的方式来折磨自己的身心。生活当中，除了勤勉的工作学习，还需要有一点悠闲的情调，学会让自己适当的放松。劳逸结合，才能使一个人拥有最佳的状态，发挥出最好的潜能。

62　真廉无廉名　大巧无巧术

真廉无廉名，立名者正所以为贪；大巧无巧术，用术者乃所以为拙。

译文

真正廉洁的人不一定有廉洁的名声，沽名钓誉者恰恰是贪图虚名；真正智慧的人不玩弄手段，费尽心机玩弄手段的人，实在愚蠢至极。

点评

老子说："大直若屈，大巧若拙。"真正正直的人，看起来都很随和，他们耿直的性情与公正的态度，并不会伤害别人，反而能得到人们的敬重和喜爱。真正智慧的人，看起来都很朴实，他们深谙"自然即道"的规律，做人不圆滑世故，不会将心思耗费在玩弄权术上面，而是在随缘任运中追求物我的和谐共生。同理，真正清廉的人，不需要用清廉的名声来显露自己，刻意显露恰恰说明不是真清廉。真正智慧的人，不会用一些狡猾的伎俩与他人争名夺利。那些伎俩，即使赢得了一时的利益，最终却输掉了人品和信誉，显得浅薄而又愚蠢。

63 满招损 谦受益

欹器[1]以满覆，扑满[2]以空全。故君子宁居无不居有，宁处缺不处完。

①欹(qī)器：古称宥坐器，水满一半时端正直立，水满则倾倒，水空则倾斜。古人将它放在座位旁边作警戒之用。《荀子·宥坐》："孔子观于鲁桓公之庙，有欹器焉。"②扑满：古代储钱用的陶罐，钱储满了后要打破才能取出钱。

译文

欹器因为装满了水而倾侧翻倒，扑满因为摔碎倒空而实现了价值。所以，君子宁愿不去争功，也不愿身陷是非有无之地；宁可有所缺憾，也不追求过分圆满。

点评

水满则溢，人满则败。一个人骄傲自满，就像装满了水便会倾倒的欹器一样，听不进他人的意见，刚愎自用，最终招致失败。因此，有智慧的君子，为人处世一定要谦虚谨慎，戒骄戒躁。就像给杯子盛水，要留出一点余地。做事情哪怕有所亏损，也不追求把全部的利益独揽独享。哪怕保留一点空缺，也不追求表面的圆满而不加筛选、贪多凑数。

64 名根不拔 总堕尘情

名根未拔者，纵轻千乘[1]甘一瓢[2]，总堕尘情；客气未融者，虽泽四海利万世，终为剩技。

①千乘：古时把一辆用四马拉的车子叫一乘，用千乘比喻荣华富贵。②一瓢：指用瓢来饮水吃饭，比喻生活清苦。《论语·雍也》："贤哉，回也！一箪食，一瓢饮，居陋巷，人不堪其忧，回也不改其乐。"

译文

追名逐利的思想若不能彻底根除，即使看似轻视荣华富贵，甘过清苦生活，最后仍无法摆脱名利的诱惑；如果很容易受外界的影响，内心不能加以化解，纵然恩泽世人利至万世，终究是多此一举、徒劳无功。

点评

大千世界，繁华无边。人如果没有一些超脱的情怀，就很容易被名缰利锁牵绊，无论如何也摆脱不了它的束缚。古往今来，社会中不乏一些远离红尘、遁居山林的隐士。他们寄情山水、吟诗作赋，不过是以退为进，寻求入仕的各种途径。因为贪慕着世间的富贵名利，他们纵然标榜清高，仍是世间名利客；虽有满腹经纶，难免虚浮浅薄；即便有所作为，终究流于世俗。

65 心明暗室如昼 心昧白日见鬼

心体光明，暗室中有青天；念头暗昧，白日下有厉鬼。

译文

内心光明磊落，即使身处暗室，也像在光天化日之下；内心阴险邪恶，即使在光天化日之下，也会遇见阴森的恶鬼。

点评

中国的儒释道三家，都非常看重人心的光明清净。一个人心地善良，心思纯洁，充满光明，哪怕是身处污秽黑暗的地方，也能够以心中的光明照亮生活的黑夜。相反，一个人内心污秽，心念芜杂，充满邪恶，即使是青天白日，都无法驱除他内心的阴暗。所以，佛家讲“心中有佛，所见皆佛”。一个人的生活品质，归根结底不取决于外部环境，而是与他的心性境界息息相关。

66 无名无位 其乐最真

人知名位为乐，不知无名无位之乐为最真；人知饥寒为忧，不知不饥不寒之忧为更甚。

译文

一般人都知道追逐荣华收获名利的快乐，却不知道不求闻达远离名利的快乐才是真正的快乐；一般人都知道忍饥挨饿的痛苦，却不知道温饱之后的精神空虚更令人痛苦。

点评

“有”和“无”，是中国道家思想中重要的哲学范畴。在有和无的矛盾中，道家体悟到一种人生的智慧，认为“有无相生，难易相成”，任何事物都和它的对立面相互依存。有得有失，才是完整的人生。可是，在世俗生活中，人们习惯于接受那些主张追求、获得、拥有的思想，却很难理解无求、无欲、无得的主张。只知道“有”的快乐，享受“得”的成就，却难以体会“无”的自在，接受“失”的遗憾。人生并不只是鲜花和掌声，很多时候我们都是在自己的岗位上默默耕耘。无论有名还是无名，我们都应该学会享受生活，快乐充实地度过每一天。

67 隐恶尚存善 彰善即恶根

为恶而畏人知，恶中犹有善路；为善而急人知，善处即是恶根。

译文

一个人做下坏事而害怕让人知道，那么他在恶性中还保留着改过向善的良知；一个人做了好事而急着让别人知道，那么他的善行中却包含有邪恶的祸根。

点评

人性是复杂多变的，既有善的一面，也有恶的一面。那些心思邪恶的人，如果做下了伤天害理的事，却担心被他人知道，说明他的心里还存在着良知，能意识到自己犯下了罪行。而有些人，做了坏事却毫不在意，恬不知耻。人心堕落到这个地步，就是真正的罪恶。那些做了一点好事就急于宣扬的人，是利欲熏心。这种功利的心念，将为他日后犯错误埋下祸根。

68 逆来顺受 居安思危

天之机缄[1]不测，抑而伸伸而抑，皆是播弄英雄颠倒豪杰处。君子逆来顺受，居安思危，天亦无所用其伎俩。

①机缄：一动一闭而生变化。机，发动；缄，闭合。

译文

人的命运变幻无穷难以预料，有时先抑后扬转危为安，有时先扬后抑乐极生悲，这都是上天在捉弄那些自命不凡的英雄豪杰。因此，君子要能够顺从和接受不如意的事情，身处安乐而不忘危险，那么上天就无法施展它捉弄人的伎俩了。

点评

常言道，天有不测风云，人有旦夕祸福。自然气象不随人意而充满变化，世事也总有一些无常难以预料。所以，人生在世，没有一劳永逸的生活。孔子说："尽人事而听天命。"面对外部环境的无常变化，最重要的是坚定自己的心志，以坚韧的态度，迎接命运的挑战。最后，在社会的汪洋大海当中，把握住自己人生的方向。

69 性躁恩寡固执 皆难建立功业

燥性者火炽，遇物则焚；寡恩者冰清，逢物必杀。凝滞固执者，如死水腐木，生机已绝，俱难建功业而延福祉。

译文

性情急躁的人,就好比是熊熊烈火,但凡接触就会被火灼伤;性情刻薄的人,就好比是寒冰冷水,但凡遇到就会被他伤害;性情固执的人,就好比是死水朽木,死气沉沉毫无生机,这些人都很难建功立业造福他人。

点评

社会生活中,想要建立一番功业,获得一些成就,有三种不良的性格一定要引起警惕。第一种是急躁冲动,听风就是雨。这种人做事情很容易鲁莽草率,缺乏周密的计划,难以持之以恒。第二种是冷酷无情,寡恩少义。这种人虽然有冷静的头脑,但是待人冷漠,缺乏情谊,久而久之就会失去朋友和合作伙伴。第三种是顽固不化,不知变通。这种人常常固执己见,呆板愚蠢,就好比一潭死水,了无生机。

70 养喜神招福 去杀机远祸

福不可徼[①],养喜神以为召福之本而已;祸不可避,去杀机以为远祸之方而已。

①徼(jiǎo):祈福。

译文

福气不可以通过祈求而得,保持心情愉悦是获得幸福的根本;灾祸难以避免,排除恶念是远离灾祸的方法。

点评

人生路上,虽说幸福的生活离不开辛勤的奋斗,但也无法刻意追求、勉强获得。不断提高自己的修养,保持乐观积极的生活态度,就是通往幸福的正道。生活中充满了无常变化,天灾人祸也会时有发生,难以避免。只要心存善念,广结善缘,做到问心无愧,就不至于与人结怨,招致仇恨。

71 宁默毋躁 宁拙毋巧

十语九中未必称奇，一语不中则愆尤骈集[1]；十谋九成未必归功，一谋不成则訾议[2]丛兴。君子所以宁默毋躁，宁拙毋巧。

①愆尤：犯错误受到责备。过失为愆，责怪叫尤。骈集：接连而至。②訾（zī）议：非议、责难。

译文

十句话说对了九句未必会受到称赞，但是说错了一句就会遭受众多指责；十次谋划成功了九次未必能拥有功劳，但是失败了一次埋怨责难就会纷至沓来。所以君子宁愿保持沉默而不可胡乱多言，宁可显得笨拙也不可自作聪明。

点评

木桶理论中，制成木桶的木板高低不齐，而决定木桶中水量多少的是最短的那根木板。世事纷杂，人们往往不会因为你做成了多少事就对你称赞至极，反倒是紧盯着你的过失和错误，横加指责。因此，一位有修养的君子，务必要谨言慎行。不要逞一时之快而急躁冒失，落下被人责难的把柄。

72 和气热心 福厚泽长

天地之气，暖则生，寒则杀。故性气清冷者，受享亦凉薄；惟和气热心之人，其福亦厚，其泽也长。

译文

大自然的气候不断变化，气候温暖时万物欣欣向荣，气候寒冷时万物萧条衰落。做人的道理也是一样，性情气质清高孤冷，享有的福分也淡薄；而那些态度温和待人热心的人，不但自己福报丰厚，恩惠也流传长久。

点评

为人处世，要以温和的态度善待他人，尽量给人温暖，给人希望，给人信心。如果总是一副冰冷的面容，拒人千里之远，就好像寒秋冷煞万物一样，如何能得到人们的亲近呢？孟子说：“爱人者恒爱之，敬人者人恒敬之。”那些性情和蔼、乐于助人的人，也会得到人们广泛的帮助和支持，最后在团结协作的友好气氛中，收获生命的春天。

73 天理路宽 人欲路窄

天理路上甚宽，稍游心胸中，便觉广大宏朗；人欲路上甚窄，才寄迹眼前，俱是荆棘泥涂。

译文

天地自然的正道十分宽广，只要稍微用心体会，就能够心胸阔达豁然开朗；人情私欲的邪路十分狭窄，刚一踏足，就会发现尽是荆棘沼泽十分难走。

点评

理学思想家朱熹提出“明天理，灭人欲”，认为最理想的道德境界，就是抑制乃至灭除人的私欲私心，开显出心性中本有的、和天地万物相契合的德性。因此，君子的修养就是要在显明天理上下功夫。一旦放纵内心的私欲，理智受到情欲的蒙蔽，人生的路就会越走越窄，布满荆棘和污泥。

74 苦乐相伴 疑信相参

一苦一乐相磨练，练极而成福者其福始久；一疑一信相参勘①，勘极而成知者其知始真。

①参勘：相互对证。参，交互考证；勘，仔细考察。

译文

人的一生苦乐相伴，只有经过艰苦磨练，得来的幸福才能长久；读书做学问既要有信心也要大胆怀疑，只有经过认真辨别，得来的知识才是真理。

点评

人生路上并不全都是阳光，也有风雨阴霾。经得住这些风雨的洗礼，人生路才真正走得踏实、坚定和长久。读书学习，“尽信书则不如无书”。没有经过思维的辨析和实践的检验，从书本中接受的知识就会充满误解和偏见。只有大胆地怀疑，小心地求证，才能最终获得真知灼见。

75 不可不虚心 不可不笃志

心不可不虚，虚则义理来居；心不可不实，实则物欲不入。

译文

心灵一定要虚静，虚静才能容得下学问。意志一定要坚固，坚固才能抗得住物欲。

点评

老子说：“致虚极，守静笃，万物并作，吾以观其复。”一个人只有排除了一切主观的偏见，安静到了极致，才能从变化的宇宙万象当中感悟深刻的规律。生活中，凡事保持一个沉静的心境，拥有坚定的意志，才能排除外在的干扰，获得清明的思绪，体悟人世的真谛。

76 地秽多生物 水清常无鱼

地之秽者多生物，水至清者常无鱼。故君子当存含垢纳污之量，不可持好洁独行之操。

译文

堆满腐草粪便的土地,往往草木丰茂;过于清澈洁净的水流,常常看不到鱼虾踪迹。所以君子应当有含污纳垢的容量,不可因洁身自好而自命清高、孤芳自赏。

点评

动物的粪便秽臭不堪,却是植物最好的养料。粪便聚集的地方,往往植被繁茂。蒸馏水是最干净纯洁的水,可是对人体来说却没有营养,毫无益处。可见,世间万物都是普遍联系、相互影响的。做人过于高洁孤傲,将自己与世界隔离开来,并不利于自身的发展。有修养的君子,要有一些容纳小人的气度,才能获得世人的拥戴。

77 优游不振 终身难器

泛驾之马①,可就驰驱;跃冶之金②,终归型范③。只一优游不振,便终身无个进步。白沙④云:"为人多病未足羞,一生无病⑤中吾忧。"真确论也。

①泛驾之马:性情凶悍不易驯服驾驭的马,比喻桀骜不驯的英雄。②跃冶之金:熔化金属往模具里灌时溅出外面的部分,比喻不守本分自命不凡的人。③型范:铸造时用的模具。④白沙:明代学者陈献章。广东新会人,字公甫,因隐居白沙里,世称白沙先生。有"活孟子"之称。⑤病:毛病、过错。

译文

性情凶悍的骏马,驯服好之后仍然可以奔驰万里;熔化时迸出熔炉的金属,最后还是被注入模型变成器具。一个人如果贪图吃喝玩乐一事无成,那么一辈子也不会有什么出息。明代的陈献章说:"一个人有了过失并不可耻,可怕的是一生平庸无过。"这真是一句至理名言啊!

点评

民间有句俗话:"小病不断,大病不犯。"当一个人容易生病时,就会有意识地加强调养,注意饮食作息,增强身体的抵抗力。而那些长时间没有感受到病症的人,容易疏忽对身体的保养,放纵一些不良的生活习惯。人的身体如此,人的心灵也是如此。为人处世,犯下一些小错误、小过失,正好能引以为戒,吸取教训不断改正。怕的是有些人,他们看起来完美无瑕,诸事顺遂,殊不知却最容易麻痹大意、酿成大祸。

78 不贪为宝 度越一生

人只一念[①]贪私,便销刚为柔,塞智为昏,变恩为惨[②],染洁为污,坏了一生人品。故古人以不贪为宝,所以度越一世。

①一念:出自《二程遗书》。原文为:“一念之欲不能制,而祸流于滔天。”②惨:通“残”,残害。

译文

人只要闪现出贪婪或自私的念头,原本刚直的性格就会变得很懦弱,原本聪明的性格就会变得很昏庸,原本慈悲的心肠就会变得很冷酷,原本纯洁的人品就会变得很污浊。这等于是葬送了他一辈子的品德。所以道德修养高深的古贤人主张,应把“不贪”二字作为修身养性之宝,只有靠它才能超越物欲地过一生。

点评

佛家讲,往昔所造诸恶业,皆由无始贪嗔痴。一个人犯下罪行,制造恶业,究其根源在于人性当中的三种恶:贪婪、恼恨和愚昧。其中,贪婪是第一位的。贪心是修行者的头号大敌。一个人有了贪心,就会被自己的私欲牵引,失去理智,刻薄寡恩,见风使舵,失去操守。因此,做人一定要克制贪心,时时警惕,提高修养。

79 惺惺不昧 化贼为亲

耳目见闻为外贼[①],情欲意识为内贼。只是主人翁惺惺不昧[②],独坐中堂,贼便化为家人矣!

①外贼:来自外部的侵害。佛教认为以眼、耳、鼻、舌、身、意六根为媒介,滋生了色、声、香、味、触、法六尘。用贼来比喻六尘,表示善法被劫持、遮蔽。②惺惺:警觉清醒。不昧:不昏聩不糊涂。

译文

耳目所听所看,为外在的偏知偏识;情意所感所悟,为内在的一己孤见。如果一个人能保持内心的清醒镇定,就能将偏见转化为智慧!

点评

佛家讲,人有眼、耳、鼻、舌、身、意六根,能招致色、声、香、味、触、法六尘。所以,六根不净,则功败垂成。一个人内在的欲望和外在的诱惑,是生命中最可怕的敌人。稍有不慎,就会堕入欲海,难以自拔。因此,修行者务必看守住自己的心心念念,不使其沦为欲望的奴隶。要培养自己的浩然正气,去创造更高的生命境界。

80　保已成之业　防将来之非

图未就之功,不如保已成之业;悔既往之失,不如防将来之非①。

①悔既往之失,不如防将来之非:《论语·微子》记《楚狂接舆歌》:"凤兮凤兮,何德之衰。往者不可谏,来者犹可追。"

译文

与其谋划没有把握的功业,不如维持好已完成的事业;与其懊悔之前犯下的过失,不如预防未来可能犯的错误。

点评

一位哲人曾说,人生只有三天:昨天、今天和明天。昨天已成过去,明天飘忽不定,人生唯一能够把握的就是今天。人与其追忆过去,空生悔恨,不如过好当下,不留遗憾。与其将心思耗费在对未来的空想上,不如认真踏实地做好眼前之事,守护好现有的功业,为未来奠定良好的基础。

81 气旷心密 趣淡操严

气象要高旷，而不可疏狂；心思要缜密，而不可琐屑；趣味要冲淡，而不可偏枯；操守要严明，而不可激烈。

译文

气度要高远旷达，而不可粗野狂放；思想要细致绵密，而不可琐碎繁杂；情趣要清静恬淡，而不可枯躁单调；操守要光明磊落，而不可偏激狭隘。

点评

现实生活中，人人都希望成为一个有涵养、有智慧的君子，然而其中的尺度是不容易把握的。比如，做人需要豪放一些，豁达一些。可是豪放过了头，容易放任疏狂。做事情要心思缜密，但谨防斤斤计较、流于琐碎。兴致可以高雅淡泊，但不能孤芳自赏。操守应该严格明确，但不可偏激刚硬。君子行事不偏颇，言语不激烈，才算是拥有完美的品德。

82 事来心现 事去心空

风来疏竹，风过而竹不留声；雁渡寒潭，雁去而潭不留影。故君子事来而心始现，事去而心随空。

译文

当轻风拂过稀疏的竹林时，竹林就发出了沙沙的响声，风过后竹林并没留下风声；当大雁飞过寒冷的潭水时，寒潭就倒映着大雁的身影，雁过后潭面并没留下雁影。所以君子在处理事情时会全心投入，而当事情过去了，心境也就恢复了原本的空明。

点评

佛家认为，世间万物皆是因缘的产物，没有永恒不变的本体。缘起则生，缘尽则灭。《金刚经》说："应无所住而生其心。"一个真正觉悟的智者，能够深刻领悟缘起性空的道理，在日常生活中，既能随顺因缘，与世间万物相应相和，又能不执着于外境，保持内心的独立。君子的心性，恰如风中竹，潭中雁。风来则竹声响应，风去则回归宁静；雁来潭水映出倒影，雁去倒影随之消失。

83　宽且善辨　明直有度

清能有容，仁能善断，明不伤察，直不过矫，是谓蜜饯不甜，海味不咸，才是懿德。

译文

清廉又能包容，仁慈又能决断，明鉴却不苛求，正直而不坚硬。这就像蜜饯虽由糖腌制却不过分甜腻，海中生物虽然含盐却不太咸。只要掌握好这种中庸尺度，就具备了为人处世的美好品德。

点评

儒家讲究中庸之道，为人处世要保持适度，不偏不倚。清廉正直的人，在秉持公正的同时，应该有一些宽厚柔和的气度，避免矫枉过正而行事偏激。心地仁慈的人，处事应该果断坚决，以防被善心遮蔽了理智。严明的人，洞察秋毫，但不过分苛责。耿直的人，态度端正，但不刚硬激烈。把握好这种中庸的尺度，一个人就具备了为人处世的美好德行。

84　贫家净扫地　贫女净梳头

贫家净扫地，贫女净梳头，景色虽不艳丽，气度自是风雅。士君子一当寥落[①]，奈何辄自废弛哉！

①寥落：寂寞不得志。南宋诗人文天祥《过零丁洋》："辛苦遭逢起一经，干戈寥落四周星。"

译文

贫穷的家庭仍把地扫得干干净净，贫家的女子仍把头梳得整整齐齐。陈设和装饰虽然算不上光鲜亮丽，但是却能够显示高雅脱俗的风范。因此当君子处于穷愁潦倒之时，岂能荒废松懈、自暴自弃呢！

点评

贫穷的人家，屋舍虽然简陋，但只要布置得干净整齐，自然有简朴清雅的气象。唐代大诗人刘禹锡说："斯是陋室，惟吾德馨。"纵然是一间简陋的房子，但因主人公美好的品德而散发出芬芳。同理，贫苦人家的女子，没有昂贵的珠宝首饰，但把自己打扮得干干净净，也会散发出一种天然纯净的美丽。由此看来，一个有才识的君子，即使身处困境，只要不丧失理想和奋斗，总有出人头地的一天。怎能因为一时的穷困潦倒就垂头丧气、自暴自弃呢？

85 闲而不逸 静而不空

闲中不放过，忙处有受用；静中不落空，动处有受用；暗中不欺隐，明处有受用。

译文

闲暇时珍惜宝贵时光，繁忙时就能得到受用；平静时不要心灵空虚，喧闹时就能应付自如。没人看见的地方也不做坏事，大庭广众前自然心安理得赢得尊重。

点评

有个成语叫"未雨绸缪"，意思是在暴风雨来临之前，抓紧时间修缮房屋门窗，这样才不会有淋雨的尴尬。做任何事情，都要提前做好准备。要把功夫下在平时，而不是"平时不烧香，临时抱佛脚"。事到临头才去想办法解决，总是会怠误时机，也平添焦虑。所以，安闲的时候不放逸，幽静的时候不昏沉，这样一旦出现新情况，就能够有充分的应对。人的品性修养也是一样，要功在平时。有了日积月累的修养，遇到问题时才能临阵不乱、从容面对。

86　一念觉悟　起死回生

念头起处，才觉向欲路上去，便挽从理路上来。一起便觉，一觉便转，此是转祸为福，起死回生的关头，切莫轻易放过。

译文

当邪妄的念头在你的心头一闪而过时，你如果发觉它有走向物欲方向的可能，就要立刻用理智把它拉回到正路上去；只要坏的念头一产生就要立刻有警觉，当有所警觉时要立刻想方设法来挽救。这才是转祸为福起死回生的重要关头，所以你切不可放过邪念产生的一刹那。

点评

禅宗中有一则经典的故事，讲述的是两个人因为木杆上被风吹动的旗幡而争论不休。这时，禅宗的祖师六祖慧能大师路过，大师说："不是风动，不是幡动，仁者心动。"在佛家看来，如果不是心念受到了扰动，我们又怎会为了外在的事物而争吵不息呢？可见，人生福祸变化的根源，就在于心念的起伏变化。修行的人，一定要在自己的念头上下功夫。要不断地呵护和培养慈心善念，谨防那些邪念恶念。

87　宁静淡泊　观心证道

静中念虑澄澈，见心之真体；闲中气象从容，识心之真机；淡中意趣冲夷[1]，得心之真味。观心证道，无如此三者。

①冲夷：冲，谦虚、淡泊；夷，和顺、和乐。

译文

在宁静中才能内心清澈，看见心灵真正的面目；在闲暇中才能气度从容，发现心灵真正的玄机；在淡泊中才能意趣平和，体会心灵真正的趣味。反省内心，证悟大道，再也没有比这三种方法更好的了。

点评

一个人该如何认识自己，真实地面对自己？首先，保持心灵的宁静，在高度的专注中，识别不受扰乱的神思；其次，要有悠闲从容的气度，在气定神闲中感受心灵含映万物的奥妙；再次，要有高远淡泊的情怀，在随缘任运中体味心思自由自在的真趣。宁静的心境、从容的气度与淡泊的情怀，可以说是一个人观察内心、体悟大道的门径。

88　动静相宜　苦乐相伴

静中静非真静，动处静得来，才是性天[①]之真境；乐处乐非真乐，苦中乐得来，才是心体之真机。

①性天：天性。《中庸》："天命之谓性。"意为人性是由天所赋予的。

译文

在静寂中得到的宁静不是真静，只有在喧闹中仍然保持平静，才是心灵的真境界；在热闹中得到的快乐不是真乐，只有在艰苦中仍然保持乐观，才是心灵的真机趣。

点评

什么是内心的宁静？在安静的书房里静心读书，算不得宁静。如果在喧闹的集市里，还能静下心来读书，这才是真境界，不会为外在的干扰而自乱了心性。一个人修到了这样的层次，就能够乱中守静，一定大有作为。什么是快乐和幸福？歌舞升平中你拥我簇的欢声笑语，不是真快乐。因为等到曲终人散、夜深人静时，内心往往落寞。如果在艰苦恶劣的环境中，积极奋斗，乐此不疲，这种乐观向上的精神才是幸福快乐的根源，这样的人生也会过得坚定而又精彩。

89 舍己不处疑 施恩不求报

舍己毋处其疑，处其疑，即所舍之志多愧矣；施人毋责其报，责其报，并所施之心俱非矣。

译文

如果一个人准备作出自我奉献，就不应有计较利害得失的观念。因为它会使你对奉献犹疑不决，从而使你的奉献精神蒙上羞愧；假如一个人准备施恩惠给他人，就绝对不要希求得到他人回报。假如你一定要求对方感恩图报，那么连你施恩的好心也会变质。

点评

试想一下，如果一个人做了一点好事，时时挂在嘴上，处处想着回报，请问，这样的“好事”，算得上好事吗？当人们赞叹一个人助人为乐、品格高尚的时候，很大程度上是有感于他无私奉献的爱心。如果做任何事情，都把“我”放在前面，“利”字当先，那么即使做了一些利他利民的好事，究其本心却是自私功利，所行无非交易，当然也就谈不上奉献，更谈不上人们的尊敬了！

90 厚德积福 正行除厄

天薄我以福，我厚吾德以迓之；天劳我以形，吾逸吾心以补之；天厄我以遇，吾亨吾道以通之。天且奈我何哉！

译文

上天让我福份稀少，我就积累德行来耕种福田；上天使我身体劳累，我就内心闲逸来加以补偿；上天使我遭遇厄运，我就修养大道来使它通达。有了这般乐观旷达的态度，老天爷又能把我怎么样！

点评

中国古代的思想家荀子说:“天行有常,不为尧存,不为桀亡。”历史上,尧帝统治时期,天下昌明;桀帝统治时期,天下大乱。荀子认为,历史盛衰的根本原因,不是上天的偏爱,而是统治者自身的差别。相比于客观环境的制约,人自身的主观应对,才是决定吉凶祸福的根本。所以,即使身处的环境无比恶劣、艰苦,充满挑战,只要自己积极地面对,迎难而上、锐意进取,总是能够克服困难,有所收获。正所谓“自助者,天助之”,一个自强不息、勤勉厚德的人,生活处处都会充满生机。

91 天机最神 人智无益

贞士无心徼[①]福,天即就无心片牖[②]其衷;险人着意避祸,天即就着意处夺其魄。可见天之机权最神,人之智巧何益?

①徼:通“邀”,祈求。②牖(yǒu):通“诱”,诱导、启发。《诗经·大雅·板》:“天之牖民,如埙如篪。”

译文

坚守志节的的君子,虽然无意于强求福分,上天却偏偏在他无意时帮助他完成心志;阴险邪恶的小人,虽然费尽心机逃避灾祸,上天却偏偏在他着意处违逆他的心愿使他蒙受灾祸。可见天机是多么玄妙神奇,人类的智巧又能发挥什么作用呢?

点评

宇宙浩渺,星空无限,人类渺小得如沧海一粟。相比于大自然的鬼斧神工,人类的智慧和灵巧实在不值一提。可是,人类虽然渺小,但在社会生活中,一个人的生死富贵、福祸吉凶,归根结底取决于自身。佛家讲,福祸无门,惟人自招。君子立身处世,要以修身为本。美好的品德和言行,可以感召他人的信赖和支持;而那些害人的邪思恶念,只会将自己推向深渊。

92 人生重晚节 看人看后截

声妓晚景从良,一世之烟花无碍;贞妇白头失守,半生之清苦俱非。语云:“看人只看后半截。”真名言也。

译文

烟花妓女如果在晚年时从良嫁人,那么过去的风花雪月不会妨碍现在的生活;贞洁烈妇如果在晚年耐不住寂寞而失去贞操,那么大半生的清苦守节便白费了。谚语说:“看人只看后半截。”这真是一句至理名言啊!

点评

古人评价一个人,非常看重晚节,讲求善始善终。一个人一旦晚节不保,就会引来非议。有些人年轻的时候建功立业,晚年却沉迷于声色犬马,犯下严重的错误。这些错误会成为他一生的污点,无论如何都涂抹不掉。而有些人年轻时醉生梦死,老来洗心革面,重新做人。这些人因为改邪归正,得到了世人的同情和原谅。俗话说,浪子回头金不换。人们乐见恶人变好,唾弃善人变恶。

93 种德无位公卿 贪权有爵乞人

平民肯种德施恩,便是无位的公卿;士夫徒贪权市宠,竟成有爵的乞人。

译文

平民百姓只要愿意多做善事帮助他人,就算没有官职却也是恩利社会的公卿;达官贵人贪图权势邀功受赂,竟像个乞丐一样顶着官帽行乞。

点评

一个人的美好品格,往往彰显着一种特殊的力量。不论是平民百姓还是王公贵族,拥有美好的精神品格,就会拥有强大的人格魅力,受到人们的肯定和拥戴。那些贪恋权位而无所不用其极的人,即使积累了财富,却失去了人品,必然遭到世人的唾弃。而那些拥有美好品德的人,即便只是一个普普通通的老百姓,也会受人爱戴和褒扬。

94 念积累之难 思倾覆之易

问祖宗之德泽,吾身所享者是,当念其积累之难;问子孙之福祉,吾身所贻者是,要思其倾覆之易。

译文

说到祖先们留下的福德,正是我辈现在享有的一切,要感念积累福德时的艰难;说到子孙获得的福祉,正是我辈现在给予的一切,要警惕失去福祉太容易了。

点评

万丈高楼都是一砖一瓦堆积起来的,而倾倒却只是一瞬间的工夫。一个家庭的良好家风,离不开祖先一代又一代的积累传承。而一旦出现一个品性恶劣的人,就会败坏整个家族。人生于世,对待家庭一定要有深切的责任感,要严格地要求自己,一方面要传承祖先的优良风尚,另一方面也要为子孙后代树立良好的榜样。

95 君子诈善 无异小人

君子而诈善,无异小人之肆恶;君子而改节,不及小人之自新。

译文

君子如果以欺诈行为博取善名,就跟作恶多端的小人没有区别。君子如果改变操守同流合污,还不如一个悔过自新的小人。

点评

社会上有很多看似举止得体、谈吐优雅的人,表面上谦和恭谨,满嘴仁义道德，实际上虚伪狡猾，做起事来阳奉阴违，阴险狡诈。比如有些个人或组织，假借慈善的名义，背地里大肆敛财。对于善良的人来说，他们更具欺骗性和危险性。因此，生活中一定要提防这些人，不要让自己的善心，沦为恶人们的刀斧。

96 春风解冻 和气消冰

家人有过，不宜暴怒，不宜轻弃。此事难言，借他事隐讽之；今日不悟，俟来日再警之。如春风解冻，如和气消冰，才是家庭的型范。

译文

家人犯了错误，不应该暴跳如雷，也不应该弃之不理。一件事情不好直接说，可以借别的事情来暗示；当天不能明白，等改日再加以劝勉。家人相处的典范，应该如春风化雪般态度柔和，如暖风融冰般循序渐进。

点评

家庭中，有些夫妻以"打是亲，骂是爱"为借口，一言不合就吵得鸡犬不宁，大打出手。有些父母信奉"棍棒下出孝子"的说法，对犯了错的子女大肆打骂。这些家庭暴力，在作者看来都是不可取的。对待家人的错误，要像春风融化冰雪一样，好言相劝，循循善诱。一味地指责、辱骂甚至殴打，只会使爱人和子女的身心受到伤害。俗话说，家和万事兴。人与人之间尚且以和为贵，家人之间更要和睦相处，充满关爱。

97 此心常圆满 世界无缺陷

此心常看得圆满，天下自无缺陷之世界；此心常放得宽平，天下自无险侧之人情。

译文

一个人的内心常常充满乐观，那么看待世界自然圆满无缺；一个人的内心常常充满平和，那么对待他人自然豁达真诚。

点评

佛家讲，万法唯心。世界到底是圆满还是缺憾，是安宁还是风暴，归根结底取决于自己的认知和态度。所以，佛说："日月光华，而目盲者不见。"日月的清光普照天地，目盲的人却因看不到而感觉黑暗。人生路上总有一些沟沟坎坎，如果能看得明白、坦然面对，沟壑又怎能阻挡了你前行的脚步呢？

98　不可无节操　不可露锋芒

澹泊之士，必为浓艳者所疑；检饰之人，多为放肆者所忌。君子处此，固不可少变其操履，亦不可露其锋芒！

译文

淡泊之人，必被贪慕名利的人所怀疑；检点的人，多为放荡不自重者嫉恨。君子被人怀疑嫉恨时，固然不可有所妥协降低品行，但也不可显摆自己锋芒毕露。

点评

人的疑心和妒忌心，在人际关系当中是普遍存在的。为人处世，古人一方面谴责人性中的猜疑和妒忌，另一方面也讲求智慧谋略，以避免被其所伤。一个有修养的君子，在加强自身道德修养的同时，也要用智慧来保全自己。与小人相处时，要低调内敛、韬光养晦。用巧妙圆融的行事，避免遭人恶意中伤。

99　逆境砥节砺行　顺境销皮挫骨

居逆境中，周身皆针砭药石①，砥节砺行②而不觉；处顺境中，眼前尽兵刃戈矛，销膏靡骨③而不知。

①针砭药石:比喻砥砺人品德气节的良方。针,古时用以治病的金针;砭,古时用来治病的石针;药石,泛称治病用的药物。②砥砺:指磨练。粗磨刀石为砥,细磨刀石为砺。③销膏靡骨:融化脂肪、腐蚀骨头。

译文

身居逆境之中,周围的诸多不顺皆是治病的针药,砥砺品行而不知不觉;身处顺境之中,眼前的一帆风顺尽是伤人的刀斧,销皮挫骨却浑然不知。

点评

古人说,成德每在困穷,败身多因得志。恶劣艰难的环境,往往能激发一个人的生存斗志,使人在奋发向上的过程中,不知不觉磨砺了意志,锤炼了品德。相反,在富贵悠闲的环境中,人便容易纵情声色、腐化堕落。"自古英雄多磨难,从来纨绔少伟男。"太过安逸舒适的环境,很难走出雄心壮志的英雄。因此,人不应该害怕逆境和困难,要充满信心,积极乐观地面对人生的风风雨雨。

100 欲火权焰 焚身灼人

生长富贵家中,嗜欲如猛火,权势似烈炎。若不带些清冷气味,其火焰不至焚人,必将自烁矣。

译文

出生在富贵之家,欲望涌动如猛火,仗势作威如烈焰。如果不加以节制,即使没有焚毁自己,但也会有所灼伤。

点评

老子说:"金玉满堂,莫之能守。富贵而骄,自遗其咎。"东西得来得太容易,就很难学会珍惜。身处富贵之中,如果不懂得修养性情、砥砺品行,任由欲望膨胀,忘乎所以,那么即使拥有一屋子的金银珠宝,也会很快败个精光。因此,一个人拥有了一定的物质基础,更要加强道德修养,用理智去克制欲望,才不会随心所欲、挥霍无度。

101 精诚所至 金石可镂

人心一真，便霜可飞①，城可陨，金石可镂②；若伪妄之人，形骸徒具，真宰③已亡，对人则面目可憎，独居则形影自愧。

①霜可飞：在炎热夏天降下冰霜，比喻一个人的诚心能感动上天，变不可能为可能。传说邹衍蒙受不白之冤，仰天哭泣，上天在五月为他降霜。②金石可镂：出自荀子《劝学》。原句为："锲而不舍，金石可镂。"③真宰：指人的灵魂。

译文

一颗至诚至真的心能够感天动地，就像邹衍蒙冤而六月飞霜，孟姜女悲念丈夫而哭倒城墙，甚至连坚固的金银玉石也可以被雕刻凿穿。而那些虚伪狂妄之人，虽然肉身完整，但却毫无灵魂，不仅在众人当中面目丑陋，即使一个人独处也难免心中有愧。

点评

谚语说："精诚所至，金石为开。"一个人的至诚之心，能够感天动地，甚至让坚硬的金银玉石都为之开裂。在古代的神话传说中，战国时期的思想家邹衍，因为蒙冤入狱而惊怒了上天，上天就在炎热的夏季降下冰霜。因为悲痛丈夫死于修筑长城的残酷劳役中，孟姜女在长城脚下痛哭流涕，居然哭倒了长城。可见，一颗真诚的心，常常具有不可思议的伟大力量。它能够深深触动人们心底的善良，打开向善的大门。与之相比，那些心怀鬼胎、虚情假意的小人，即使玩弄权术得意一时，终究会受到世人的唾骂和良心的谴责。

102 文至极是恰好 人至极是本然

文章作到极处，无有他奇，只是恰好；人品作到极处，无有他异，只是本然。

译文

文章写到极致,没有什么特别的,只是一切表达都恰到好处;修养达到极致,没有什么特别的,只是回归本心、自然而然。

点评

唐代大诗人李白说,写文章的最高境界,就是“清水出芙蓉,天然去雕饰”。一篇好的文章,就像一朵净水池中的莲花,美丽自然,毫不做作。可是在文章写作中,总有一部分人喜欢堆砌辞藻,追求奇特的技法结构,以显示自己博学多慧。孰不知这种刻意为之最容易缺乏真情实感,写出的文章大多苍白无力,难以打动人心。做人也是一样,故意标新立异、博人眼球,往往都是为了生存的无奈之举。真正的高人,能够在平淡祥和的气氛中放下狭隘的自我,与周围的一切都和谐相处,回归真实自然的本性。

103　看得破　认得真

以幻境言,无论功名富贵,即肢体亦属委形①;以真境言,无论父母兄弟,即万物皆吾一体②。人能看得破认得真,才可以任天下之负担,亦可脱世间之缰锁。

①委形:(上天)赋予人的形体。委,赋予。《庄子·齐物论》:“吾身非吾有,孰有之哉?是天地之委形也。”②万物皆吾一体:出自《庄子·齐物论》。原句为:“天地与我并生,万物与我为一。”

译文

从一切皆是虚幻的角度看,除了功名利禄皆为虚幻外,甚至连一个人的形体也不是自己能够主宰的。从一切皆是真常的角度来看,且不说父母兄弟有血缘相连,甚至世界万物皆和我连为一体。一个人如果能看得透世界的虚幻,又能认得真万物的关联,就可以担得起经世济邦的重任,又能够摆脱俗务人情的牵累。

点评

佛家主张缘起性空，认为世界万物都处在相互联系的链条之中，每一个具体的事物，都没有独立不变的自性，所以本性空无，虚幻不真。然而反过来，正是因为相互联系，万事万物又构成了一个有机的统一整体，真实不虚。可见，任何事物都是联系性和整体性的统一。一个人面对复杂的局势，既能看得破事物间的联系性、相关性、差别性，又能认得真事物间的统一性、整体性、协调性，那么做事情就会充满智慧，堪当大任。

104 持中节制 五分为宜

爽口之味，皆烂肠腐骨之药，五分便无殃；快心之事，悉败身丧德之媒，五分便无悔。

译文

美味可口的佳肴，皆是伤害肠胃的毒药，只品尝半饱就可以保全身体；顺心如意的美事，尽是败坏修行的媒介，只享受五分就不会酿成大错招致后悔。

点评

常言道，病从口入，祸从口出。很多病，都是大鱼大肉吃出来的。因为贪图一时口爽，饮食毫无节制，不知不觉也就积累下了很多的病患。比如现代人常出现的肥胖症，正是营养过剩导致的。所以，面对美食，人要适当节制，胡吃海喝绝非好事。做事的道理也一样，做任何事都要有所节制。适当追求一些自己的兴趣爱好是可以的，然而一旦沉迷其中无法自拔，危险也就接踵而来了。

105 小过阴私旧恶 不可穷追不舍

不责人小过，不发人阴私，不念人旧恶。三者可以养德，亦可以远害。

译文

不指责他人的小错误,不揭发他人的私生活,不计较他人以往的过错。这三条是做人的原则,既可以培养品德,也可以避免灾祸。

点评

与人相处,多一些宽容,就会多一些朋友;少一些计较,就会少一些敌人。日常生活中,尤其在企业经营中,有些老板总是求全责备,对员工的过错斤斤计较、大肆辱骂,甚至故意揭人短处,动不动就数落员工曾经的过失。殊不知,这样的态度不仅起不到良好的效果,反倒会招致员工内心的抵触,让他在怨恨之中失去对工作的热爱和责任心。为人处世,应当以和为贵,亲密团结。唯有包容豁达的胸怀与善待他人的雅量,才能真正成就一个人的事业。

106 持身不可轻 用意不可重

士君子持身不可轻,轻则物能挠我,而无悠闲镇定之趣;用意不可重,重则我为物泥,而无潇洒活泼之机。

译文

君子待人接物不可轻浮,轻浮则会受到外物的干扰,从而失去镇定悠闲的乐趣;处理事情不可过于执着,太过执着反会被外物拖累,从而失去潇洒活泼的生机。

点评

一个人沉着潇洒的气度,并不是天生的,而是来自后天的品性修持。如果待人轻浮,做事鲁莽,贪求名利,瞻前顾后,怎么可能抗拒得了外界的诱惑和干扰,保持内心的镇定和洒脱呢?所以说,持身不可轻,用心不可重,正是对人性的磨练。练就了“不以物喜,不以己悲”的处世态度,自然就收获了气定神闲的潇洒气度,做事情更能够进取自如,获得成功。

107 天地有万古 人生只百年

天地有万古，此身不再得；人生只百年，此日最易过。幸生其间者，不可不知有生之乐，亦不可不怀虚生之忧。

译文

天地万古长存，而人身却难与天地同寿；人生只有百年，一天转眼即逝。有幸为人来到世间，既不可不知道生命的乐趣，也不可蹉跎岁月虚度一生。

点评

人的一生到底该如何度过？这是千百年来全世界人类都在不断探索的问题。唐代诗人陈子昂感叹：“前不见古人，后不见来者。念天地之悠悠，独怆然而涕下！”每个人的生命都是前无古人、后无来者的。和苍茫的天地相比，人的生命短暂而又唯一，这怎不令人慨叹！一个人究竟如何才能把握短暂的人生，什么样的人生才不算虚度呢？伟大的领袖毛泽东说：“一万年太久，只争朝夕。”对新时代的每个人来说，只有珍惜光阴，顺应时代要求，积极地为幸福生活而奋斗，一个人的生命才能像水滴入海一样，永不干涸。

108 德怨两忘 恩仇俱泯

怨因德彰，故使人德我，不若德怨之两忘；仇因恩立，故使人知恩，不若恩仇之俱泯。

译文

怨妒因为德行的衬托而激发，因此与其博得他人赞美，不如既无赞美也无怨妒；仇恨因恩情的变化而滋生，因此与其使人感恩戴德，不如相安无事恩仇俱泯。

点评

老子《道德经》说："有无相生，难易相成，长短相形，高下相倾。"任何事物都是对立又统一的有机体。从辩证的角度看，爱与恨，恩与怨，虽然相互区别，但又密切相连。如果不是曾经爱的真切，又怎会分开的时候倍觉恨之深、怨之切？如果不是充满期待、感恩戴德，又怎会失望的时候，心有不满，平添怨恼？因此，为人处世要学一点佛家的精神，不要过分计较和纠缠于那些恩恩怨怨当中。行善而不求回报，但求问心无愧就好。

109　持盈履满时　君子尤兢兢

老来疾病，都是壮时招的；衰后罪孽，都是盛时造的。故持盈履满①，君子尤兢兢焉。

①持盈履满：登峰造极，极尽完满。

译文

年老时候的疾病，都是年轻时候不注意而落下了病根；招致落魄的诸多罪恶，都是得意时候作威作福而结下的苦果。所以对于极尽完满之事，君子一定要谨慎小心。

点评

中国有句古语，千里之堤，溃于蚁穴。千里之长的堤坝，如果不加修整，就会因为一座座小小的蚂蚁穴而轰然崩毁。一个人如果不注意自己日常的行为品德，就会在一系列不经意的小错误中，最终酿成大错、招致祸患。一个有着深厚的智慧和修养的君子，一定会对自己严格要求，以谨慎的态度对待日常生活的点点滴滴，"勿以善小而不为，勿以恶小而为之"，每一步路都走得认真而又坚实。

110 结新不如敦旧 扬名不如养德

市私恩[1],不如扶公议;结新知,不如敦旧好;立荣名,不如种隐德;尚奇节,不如谨庸行。

①市:买卖。市私恩,指收买人心。

译文

与其出于私心施人恩惠,不如匡扶正义赢得公论;与其结交新朋友,不如重修旧好筑牢情谊;与其沽名钓誉,不如暗中行善积累德行;与其标新立异,不如谨言慎行平平淡淡。

点评

社会中,有些人喜欢做表面文章,搞形象工程。他们做出了一点小成绩,就大张旗鼓地鼓吹宣扬,唯恐别人不知道,委曲了自己。这种人实际上是非常自私的。他们帮助别人时,也主要出于私心的考虑,而不是为了同情他人、匡扶正义。因此,哪怕他们取得了一些成绩,也不会真正得到民心、受人拥戴。一个真正的君子,他的言行不是为了给自己沽名钓誉,而是为他人考虑,为天下人谋福利。相比于费尽心机地宣传自己,他更愿意将心力放在为百姓做实事上,也因此能够真正赢得民心。

111 公道不可犯 权私不可染

公道正论不可犯手[1],一犯则贻羞万世;权门私窦[2]不可著脚[3],一著则玷污终身。

①犯手:伸手触犯。②私窦:私门。窦,壁间的小门。③著脚:踏进去。

译文

公道正义不可违背，一旦违背便会因此蒙羞遗臭万年；权贵私利不可钻营，一旦钻营就会玷污品性终身难以清白。

点评

一个人立身处世，首先要坚守底线。一个社会的底线，就是人心的正义和社会的公道。底线一旦被践踏，必然会遭到舆论的谴责和民众的攻击。那些为了一己私利，不惜铤而走险、以身试法的亡命之徒，终究难逃法律和道德的制裁。在守住底线的基础上，有操守讲气节的人，还要有所为，有所不为。徇私舞弊、阿谀奉承，纵然可以获得一时的利益和风光，最后却丢掉了品格，也让自己沉陷在是非名利之地，身不由己，得不偿失。

112　直躬不畏忌　无恶不惧毁

曲意而使人喜，不若直躬而使人忌；无善而致人誉，不若无恶而致人毁。

译文

与其违背意愿迎合别人，不如刚正不阿遭人忌恨；与其没有善行空有美誉，不如不做坏事遭人诋毁。

点评

人处于世，在追求财富和幸福的路上，最重要的是光明坦荡，举止端正。那些一味委屈自己迎合他人，或者贪占别人功劳以谋求自己名望的丑陋行径，终究会被揭穿，令人生鄙。《论语》说："君子坦荡荡，小人长戚戚。"一个受人尊敬的君子，会坚守内心的良知，保持精神的独立。哪怕他们耿直的性情和磊落的行为会招致小人的忌恨，他们也毫不退缩。在坦坦荡荡的行为举止中，他们用智慧和勤劳，为自己撑起一片天空。

113 治家宜从容 交友宜笃实

处父兄骨肉之变，宜从容不宜激烈；遇朋友交游之失，宜剀切不宜优游[①]。

①剀(kǎi)切：切实、直截了当。优游：模棱两可。

译文

处理家庭矛盾时，应该从容不迫，不应该言辞激烈；看到朋友犯了错误，应该直言不讳，不应该放任纵容。

点评

家庭是讲求情感的地方，爱是化解一切家庭矛盾的根本良方。当家庭中父母兄弟出现了矛盾时，应该和言善语地劝勉，晓之以理，动之以情。激烈的责骂或意气用事，只会激化矛盾，让事情更糟。和朋友相处，虽然彼此欣赏，但也不应被友情冲昏了头脑。朋友犯了错，不可一味地包庇，任其发展。只有坚持原则，良言规劝，导人向好，才能获得真正的友谊。

114 小处不漏 暗处不隐

小处不渗漏，暗处不欺隐，末路不怠荒，才是个真正英雄。

译文

细微之处不粗心大意，独自一人时不欺瞒隐匿，穷困潦倒时不颓废懈怠，才称得上是真正的英雄好汉。

点评

英雄，是勇猛，而不是鲁莽；是坦荡，而不是欺瞒；是精进，而不是荒怠。那些流寇草莽，看起来勇猛威风，实则粗鄙不堪，难当大任。韩信受胯下之辱，忍常人之不能忍。真正的英雄，经得起各种考验，既能从大处着眼，也能够在小处入手；既能够浴血沙场，也能够笔下生辉。显贵时威武庄严，失志时砥砺奋勉。人前铁律正法，人后恪职尽责。这样的英雄，才称得上是有勇有谋、能屈能伸、表里如一的真英雄、大丈夫。

115　爱重招仇　薄极成喜

千金难结一时之欢，一饭竟致终生之感①。盖爱重反为仇，薄极翻成喜也。

①终生之感：韩信落魄时，河边一位老妇送他一碗饭吃，使他终生感念一饭之恩。

译文

纵然有黄金千两，却难以买到交心的知己；纵然是一碗家常饭，却使受惠的人终生感激。这是因为恩爱太重反而容易滋生是非，使双方反目成仇，情谊寡淡反而一点恩惠便使人受宠若惊。

点评

人与人之间的情感是极其微妙的。俗话说，一碗饭养一个恩人，十碗饭养一个仇人。帮助他人，不在于钱财的多少、物品的贵贱，而在于时机是否恰当，方式是否得当。韩信落魄的时候，河边洗衣服的老婆婆给了他一碗饭吃，他始终念念不忘，后来回报给老婆婆千金的资财。这就是“一碗饭养一个恩人”。而有些人，帮助别人的时候，只知道一味地给予，结果反而助长了对方的懈怠和懒惰，一旦给予少了，甚至招来怨恨。这真是“十碗饭养一个仇人”。因此，帮助别人的时候，一定要认清环境，注意方式。志趣不投或者方法不对，再多的给予也是徒劳无功的。

116　藏巧于拙　以屈为伸

藏巧于拙，用晦而明，寓清于浊，以屈为伸，真涉世之一壶①，藏身之三窟②也。

①壶:通"瓠",葫芦。古人乘船时会在身上系一个葫芦,落水时靠它来救命。比喻救身之术。②三窟:比喻全身避祸之地。《战国策·齐策》:"狡兔有三窟。"

译文

宁可显得笨拙而不显得聪明,宁可收藏内敛而不锋芒毕露,宁可平易随和而不自命清高,宁可退让委曲而不钻营升迁,这是为人处世的救命之术,是安身立命的万全之地。

点评

谦虚是美德,更是智慧。在《易经》六十四卦中,最完美无缺的卦就是"谦"卦。《道德经》说:"大智若愚,大巧若拙。"真正拥有大智慧的人,了然明达恢宏广阔的宇宙天地,因而表现出看透一切的谦虚和内敛。他们不会轻易地表露才学,不会如浅薄者一样卖弄。他们平易随和,绝不锋芒毕露。他们宁可后退一步、独善其身,也不你争我夺、唯利是图。这是高人的境界,更是处世的大智慧。

117　居安思危　处变图成

衰飒的景象,就在盛满中,发生的机缄①,即在零落内。故君子居安且操一心以虑患,处变当坚百忍以图成。

①机缄:机关的开闭,指推动事物变化的力量,引申为气数、时运。

译文

萧瑟衰败的迹象,就隐藏在盛景之时;种种气运的变化,就隐藏在肃杀之中。所以君子生活安逸时应该有所警惕和忧虑,面对命运沉浮应该百折不挠争取有所成就。

点评

《易经》说:"日中则昃,月盈则亏。"太阳过了正午就向西偏斜,月亮经过满月便转向残缺。盛极而衰,否极泰来,是天地万物普遍的规律。人生也是如此。

苏轼《水调歌头》:“人有悲欢离合,月有阴晴圆缺,此事古难全。”所以,有智慧的君子,显达的时候,要懂得居安思危,时刻保持清醒与冷静;患难的时候,也不气馁,要以昂扬乐观的精神、坚忍不拔的意志来克服困难,渡过难关。

118　好异无远识　苦独非恒操

惊奇喜异者,无远大之识;苦节独行者,非恒久之操。

译文

标新立异举止怪诞的人,不会有高深远大的见识;苦守名节自命清高的人,无法长久地保持操守。

点评

万丈高楼平地起,伟大往往寓含在平凡之中。世界上最有价值的事情,并不是标新立异、与众不同,而是脚踏实地、真诚做人。那些总是求新求变、张扬显摆的人,只会适得其反,暴露出他们的无知和浅薄。而那些离群索居、避世独行的人,只会孤芳自赏,这也绝非是什么值得赞叹和传扬的美好品行。所以说,日用即道。真正的修行,就是在点点滴滴的日常中,保持美好的节操,脚踏实地地生活。

119　一念转情欲　邪魔化真君

当怒火欲水正腾沸处,明明知得,又明明犯著。知的是谁,犯的又是谁?此处能猛然转念,邪魔①便为真君②矣。

①邪魔:指欲念。②真君:指主宰万物的上帝,意谓心灵的主宰。

译文

当怒气如烈火般升腾、欲念如热水般翻滚时,明知不应该,却又控制不住。明白这道理的人是谁,犯这错误的人又是谁?假如此时能幡然醒悟,那么心魔当下便化为了心佛。

点评

佛家讲,一念相应一念佛。人的心念瞬息万变。善心生起的时候,用善心看待万物,则万物生辉;邪心生起的时候,物我皆面目可憎,充满邪恶。因此,修行者一定要在念头上下功夫,培养一颗平和而又善良的心。当心中的怒火蒸腾而上、呼啸而出的时候,不妨问问自己,这肆意翻滚的怒心究竟在谁的身上,又是谁在主宰它、控制它?这样想的时候,就会蓦然发现,原来自己的心才是解决问题的根本。意识到心中的恶念,自觉加以控制和转变,最后转烦恼成菩提,问题也就迎刃而解了。

120 毋偏信自任 毋扬己忌人

毋偏信而为奸所欺,毋自任而为气所使;毋以己之长而形人之短,毋因己之拙而忌人之能。

译文

不要相信片面之辞而被小人利用,不要刚愎自用而任气逞能,不要用自己的长处攻击他人的短处,不要因自己笨拙便妒忌他人的才能。

点评

人性复杂多面,有好有坏,有善有恶。公正,无私,诚恳,谦虚,这些都是人性善的一面;而偏袒,自私,欺瞒,嫉妒,却是人性恶的体现。君子修身立德,就是要不断发扬心性中向善的品质,自觉遏制趋恶的品质。不自以为是,也不偏信偏听。不傲慢张扬,也不嫉妒他人。最后,去伪存真,去邪归正。

121 勿以短攻短 勿以顽济顽

人之短处,要曲为弥缝。如暴而扬之,是以短攻短;人有顽固,要善为化诲,如忿而疾之,是以顽济顽。

译文

对于他人的短处，要委婉指出巧妙化解。如果一味暴露加以宣扬，那不过是以自己的短处来攻击别人的短处罢了。一个人有难以克服的缺点，要善于启发循循教导，如果暴跳如雷严厉斥责，那不过是以自己的顽固来加剧别人的顽固罢了。

点评

生活中，我们劝勉或者责备他人的时候，不能意气用事，一定要有正确的方法。发现别人缺点时，要委婉地指出来，而不是不分场合地揭露，丝毫不顾及他人的尊严和感受。劝勉别人的时候，要循循善诱，耐心地启发他，而不是愤怒指责。否则，自己的行为也不过是“五十步笑百步”，比起对方又能好哪里去呢？

122　沉沉者莫推心　悻悻者须防口

遇沉沉不语之士，且莫输心①；见悻悻②自好之人，应须防口。

①输心：推心置腹，表露真情。②悻悻：忿恨不平的样子。此喻一个人固执己见、偏激傲慢。

译文

遇到表情阴沉一言不发的人，不要轻易地袒露心声表达真情；遇到愤世嫉俗自以为是的人，应该谨言慎行有所防备。

点评

常言道，害人之心不可有，防人之心不可无。为人处世，尤其是跟陌生人打交道，要有一定的戒备心，通过察言观色来识人、辨人。遇到那些表情阴沉、沉默不言的人，当捉摸不透对方的心思时，就不要急着推心置腹地把心里话都告诉对方。遇到那些夜郎自大、唯我独尊的人，一定要谨言慎行。生活中，善人恶人并不容易一眼就能看穿。因此，和他人相处时，谨慎自己的言行，总归是可以避免被坏人轻易利用的。

123 去昏昏之病 化纷纷之扰

念头昏散处,要知提醒;念头吃紧时,要知放下。不然恐去昏昏之病,又来憧憧[1]之扰矣。

①憧憧(chōng):形容往来不定或摇曳不定。

译文

心思昏沉时,要提醒自己保持清醒;心思紧张时,要调整自己学会放下。要不然只怕刚消除了浑浑噩噩,又坠入惶惶不安之中了。

点评

俗话说,文武之道,一张一弛。做任何事情,都应该张弛有度。头脑昏沉的时候,提醒自己保持清醒;过度紧张的时候,提醒自己学会放松。古人讲,水满则溢,弦满则断。杯中水一旦过满就会溢出来,弦如果绷得太紧就容易断掉。现代社会,生活节奏快,工作压力大。在繁忙的工作中,人应该学会适度休闲。一味地追逐欲望,透支身体,就很难拥有健全的身心。

124 天地无凝滞 人心无障塞

霁日青天,倏变为迅雷震电;疾风怒雨,倏转为朗月晴空。气机可当一毫凝滞?太虚[1]可当一毫障塞?人之心体,亦当如是。

①太虚:道家术语,原意为广漠无际的天空,引申为宇宙的本源即“道”。老子《道德经》认为,道大而虚静。

译文

晴空万里,转眼间变为电闪雷鸣;暴风骤雨,转眼间化为皓月当空。宇宙万物的气息生机可曾有一丝一毫的停滞?天地之间的运行法则可曾有一丝一毫的阻塞?人心也应该效法自然,动静相宜,生机勃勃。

点评

古代哲学家荀子说："天行有常。"宇宙天地虽处在变化之中，却有内在不变的规律。日月运转永不停息，天气阴晴倏忽不定，然而宇宙万物却欣欣向荣，井然有序。所以，人心也要取法于自然。面对纷繁复杂的人情世故，要保持心性的淡泊、高远和安定，不沉迷于情思欲念的诱惑之中。如此，则生命充满生机，活泼自由。

125 识是照魔珠 力是斩魔剑

胜私制欲之功，有曰识不早、力不易者，有曰识得破、忍不过者。盖识是一颗照魔的明珠，力是一把斩魔的慧剑，两不可少也。

译文

降服私欲的功夫，有人说认识不早就不容易克服，有人说认识不清就不容易抵制。可见，智慧是一颗能照出欲念丑陋面目的明珠，意志是一把斩除欲念私情的利剑，两者缺一不可。

点评

佛教将一个人心性中的贪、嗔、痴等看作是阻碍修行成佛的大敌，主张"勤修戒定慧，息灭贪嗔痴"。只有觉悟生命的智慧，拥有坚定的意志和定力，严格持守戒律，才能克制人性中的贪婪、嗔恨和愚痴，不断地战胜自我超越自我，最后超凡入圣，解脱成佛。这里，作者将一个人的私心杂念比作心魔，提出要从两方面着手来破除心魔：一是提高意识，用智慧看破私欲；二要砥砺意志，用坚强的意志力战胜私欲。只有这样，人才能真正"降伏其心"，成就自己。

126 觉诈不形于言 受侮不动于色

觉人之诈不形于言，受人之侮不动于色，此中有无穷意味，亦有无穷受用。

译文

发觉被骗，不要立刻表露出来；受到侮辱，不要立刻愤然还击。这其中的道理意味深长，令人受用无穷。

点评

生活中，当发现自己被欺骗的时候，相比暴跳如雷地指责和报复，不动声色地寻求良机，转被动为主动，显然是一种更高明的处世智慧。当身处不幸遭人欺辱的时候，不要急于反击，忍受住一时委屈，反而有利于更好地看清形势、把握局面。《史记》中，张良夜半时分等候黄石老人，不料一连三天遭受老人的“辱骂”，张良不但没有急于辩解，反而以谦逊勤勉的态度赢得了老人的“考验”，最终获得兵书。为人处世，需要有一点忍辱负重的精神，才能不被形势左右，取得成功。

127　横逆困穷　豪杰炼炉

横逆困穷，是锻炼豪杰的一副炉锤，能受其锻炼则身心交益，不受其锻炼则身心交损。

译文

穷苦困乏，是锻造英雄豪杰的熔炉和火锤，能够禁受得住则身心受益，禁受不住则身心受损。

点评

孟子说：“天将降大任于斯人也，必先苦其心志，劳其筋骨，饿其体肤，空乏其身，行拂乱其所为，所以动心忍性，增益其所不能。”时势造英雄，乱世出豪杰。温柔乡实乃英雄冢。苦难最大的意义，就在于磨练一个人的意志和智慧。石出深山，千锤万凿；凤凰涅槃，浴火重生。面对生活的狂风暴雨，不丧失远大的理想和顽强的奋斗，人才能经受住命运的洗礼，昂首挺胸屹立在天地之间。

128　吾身小天地　天地大父母

吾身一小天地也，使喜怒不愆，好恶有则，便是燮理[①]的功夫；天地一大父母也，使民无怨咨[②]，物无氛疹[③]，亦是敦睦的气象。

①燮(xiè)理：调和、调理。②怨咨：怨恨、叹息。③氛疹：氛，凶气；疹，恶病。

译文

我的身体就像一个小世界，喜怒不过分，好恶守法则，这便是调理身心的功夫；天地就像大父母，百姓没有怨言，万物没有灾害，自然呈现祥和的气象。

点评

中国的传统文化主张“天人合一”，天地人心同归一体，是为天道。天道的根本，是遵循自然、和谐共生。造物主养育万物，靠的是阴阳和合、万物和谐的力量。如果整天狂风暴雨，哪里会有缤纷多彩的世界？人心也是一样，整天愁眉苦脸，喜怒无常，必然不能拥有完美的品格。

129　不疏于虑　不伤于察

“害人之心不可有，防人之心不可无。”此戒疏于虑也。“宁受人之欺，毋逆[①]人之诈。”此警伤于察也。二语并存，精明而浑厚矣。

①逆：提早、预先。

译文

“害人之心不可有，防人之心不可无。”这句话用来劝诫警惕性不高的人；“宁可受人欺骗，不要轻率拆穿骗局。”这句话用来提醒过于警惕的人。牢记这两个道理，就可以心地宽厚而不失智慧。

点评

人生之路不只是风和日丽，也有狂风暴雨。生活中，为人处世要以诚待人，也要保持警惕，谨防遭恶人陷害，受小人欺骗。但也不可过度地殚精竭虑、草木皆兵。遭受别人欺骗时，看破而不说破。不动声色地远离他，要比大张旗鼓地揭穿他智慧得多。当面揭穿骗局，显示出一个人的聪明机敏。而不动声色地远离，保持体面，则显示出一个人宽厚崇高的精神品格。

130　明辨是非　公私分明

毋因群疑而阻独见，毋任己意而废人言，毋私小惠而伤大体，毋借公论以快私情。

译文

不要因为众人的怀疑而失去主见，不要一意孤行而不听劝勉，不要贪图小利而伤害大局，不要假借公论以泄私恨。

点评

生活中，无论做人做事，一定要明辨是非，公私分明。凡事要有自己独立的判断，不要轻易地受到外人干扰。但也要虚心听取他人的意见，懂得兼听则明的道理。做事情不应该目光短浅，不可贪图小利而伤害大体。此外，更要公私分明，绝不可假公济私中饱私囊。如果能做到这些，就称得上是一个人格完满的正人君子。

131　亲善不急扬　避恶不轻发

善人未能急亲，不宜预扬，恐来谗谮之奸；恶人未能轻去，不宜轻发，恐遭媒糵①之祸。

①媒糵(niè)：借故陷害他人酿成其罪。

译文

不必着急结交好人，也不必事先赞扬他，以免招来妒忌诽谤；不可轻率打发恶人，也不可着急揭露他，以免遭受打击报复。

点评

三国时期的名相诸葛亮说："亲贤臣，远小人。"亲近德才兼备的君子、贤人，远离诡计多端的小人、恶人，是有志向抱负的君主应该做到的，这其中要行之有法。如果太急切地去接近君子，宣传得满城风雨，就会引来恶人的侧目，招致不怀好意的攻击。如果想摆脱身边的小人、恶人，切不可轻率地打发，要做好万全的准备。否则得罪了小人，反倒给自己带来麻烦。

132　漏室培节义　谨严出经纶

青天白日的节义，自暗室漏屋中培来；旋乾转坤的经纶，自临深履薄处缲出①。

①缲(sāo)：同"缫"。此作整理、领悟解。

译文

光明正大的品行，来自于艰难困苦的磨砺；济世经邦的韬略，来自于谨慎处世的经历。

点评

古人说，艰难困苦，玉汝于成。所谓"不经一番寒彻骨，哪得梅花扑鼻香"。一个人的精神品格，是在变幻莫测的环境中磨砺出来的。一个人的功业成就，是在动荡曲折的世事中奋斗出来的。《诗经》说："战战兢兢，如临深渊，如履薄冰。"谨慎处世，是君子的态度。面对世事的艰险，只有谨慎小心，顽强奋斗，不断总结经验，逐步积累实力，最终才能拥有攻坚克难的智慧和能力。

133 人伦之情 无关恩德

父慈子孝，兄友弟恭，纵作到极处，俱是合当如此，着不得一毫感激的念头。如施者任德，受者怀恩，便是路人，便成市道矣。

译文

父母慈祥子女孝顺，兄长友爱弟妹恭敬，即使将这些人伦之情做到了最好，也是理所当然，不可有一丝感激的念头。如果施恩的人认为自己在行善，受恩的人心怀感激，这就把血缘至亲当作了陌生路人，把骨肉之情当作了市场交易。

点评

老子《道德经》说："大道废，有仁义；智慧出，有大伪；六亲不和，有孝慈；国家昏乱，有忠臣。"在道家看来，宇宙天地并没有刻意设定规则、标准，因为自然而然，所以一片祥和，秩序井然。而当人为设定的仁义、慈孝、忠良、奸邪等道德标准出现时，恰恰从侧面反映了客观环境的失衡、无序。由此看来，家庭中，父母子女之间相互关爱，出自骨肉天性，本无所谓感恩之说。一旦有意识地宣扬孝道思想时，说明家人的相处出现了问题。这时候，如果刻意按照这种人为的孝道标准行事，而不从根本上找原因，那么家人之间原本纯洁的情感就会逐渐变质，相互间的关爱也会流于表面，虚与委蛇。

134 不夸妍则无丑 不好洁则无污

有妍必有丑为之对，我不夸妍，谁能丑我？有洁必有污为之仇，我不好洁，谁能污我？

译文

有美好的事物，就有丑陋的事物与之相对。我不夸饰自己美好，谁能丑化得了我呢？有洁净的事物，就有污秽的事物与之对应。我不贪图高洁的声名，谁能污蔑得了我呢？

点评

道家强调辩证，认为“有无相生，难易相成”，一切矛盾都是相对应而存在的。所以，没有美，哪来的丑；没有洁净的对比，自然也就没有污秽的观念。佛家对此更进一步，指出万物之所以有差别，其根源出自于人心的分别。所以禅宗六祖慧能大师说：“不是风动，不是幡动，仁者心动。”生活中，我们的言行总会招致种种的评头论足，有认可也有反对，有夸赞也有诋毁。这时候就需要有一点佛道的智慧，既不被赞美声冲昏头脑，也不因被诋毁而垂头丧气。在生活的风浪中，不以分别心而执着于外境的变化，要坚定自己的方向，扬帆远航。

135　冷肠处世　平气御心

炎凉之态，富贵更甚于贫贱；妒忌之心，骨肉尤狠于外人。此处若不当以冷肠，御以平气，鲜不日坐烦恼障中矣。

译文

炎凉的世态，富贵之时要比贫贱之时感受更深；妒忌的心理，骨肉之间要比外人更严重。此时如果不能保持内心的冷静平和，那就很少有时间不处在烦恼苦恨之中。

点评

唐代大诗人白居易写诗说：“可怜红颜总薄命，最是无情帝王家。”古人从历史经验中发现，富贵人家的人情冷暖要远比贫苦人家复杂得多，亲戚朋友间的妒忌心也要远比陌生人之间更加严重。历代的宫廷斗争无不如此，为了争权夺利，不惜骨肉相残。所以，一个人身处这些问题之中，一定要保持理智和谨慎。既要看到人性的复杂，更要谨慎自己的言行，为争取和谐的生活做出积极努力。

136　功过不容混　恩仇不可明

功过不容少混，混则人怀惰隳[①]之心；恩仇不可过明，明则人起携贰之志。

①惰隳(huī):怠惰、灰心。

译文

对于一个人的功过评判,不容许有丝毫的混淆,混淆不清就会使人疏懒懈怠;对于一个人的恩仇之情,不可表现得过于鲜明,太过鲜明就会使人怀有二心。

点评

一个人的功过得失,如果理不清楚,便容易混淆是非,令人心生怨疑。比如领导对待下属,务必理清功过,奖罚得当,才能极大地激发员工的积极性。一个人的爱恨心,不可表现得过于鲜明。爱憎分明的人,固然少了许多圆滑世故,但也容易树敌,不利于团结一切可以团结的力量。比如领导任用人才,不可有偏爱之情,否则便有失公允,也不利于团结员工。

137 位盛则危 德高则毁

爵位不宜太盛,太盛则危;能事不宜尽毕,尽毕则衰;行谊不宜过高,过高则谤兴而毁来[①]。

①谤兴而毁来:出自韩愈《原毁》。原句为:“事修而谤兴,德高而毁来。”

译文

官职不可太高,太高则危险;才能不可用尽,用尽则衰;品行不可过于张扬,过于张扬则毁谤接踵而来。

点评

“急流勇退,谓之知机。”爵位不可太高,一旦功高震主,就会身处危险境地。才能不可尽现,否则发挥殆尽则后继无力,一旦被人看穿,只能受制于人。行事不可太过高调张扬,所谓“树大招风”。到处标榜自我,孤芳自赏、唯我独尊,只会引来他人的批评,甚至是恶意的攻击。

138　隐恶祸深　显善功浅

恶忌阴，善忌阳，故恶之显者祸浅，而隐者祸深；善之显者功小，而隐者功大。

译文

作恶最忌人所不知，行善最忌到处宣扬。所以人前作恶招致的祸患较小，而暗地里作恶的祸患极大；人前行善的功德较小，而默默行善的功德极大。

点评

一个作恶多端的人，被人发现还算小事，而作了恶却有意隐瞒、欺骗，则是大恶之人，必须严加防范。因为真小人虽作恶，但容易发现，还来得及处理；最怕的是伪君子，在暗处作恶，不易察觉，令人麻痹大意。一个行善积德的人，做了一点好事就四处宣扬，那么他行善的功德就会大打折扣，让人不由得怀疑其动机。默默地做些利人的好事，善心中不夹杂名利的杂质，会更加令人敬佩，受人尊敬。

139　德者才之主　才者德之奴

德者才之主，才者德之奴。有才无德，如家无主而奴用事矣，几何不魍魉猖狂。

译文

德是才的主人，才是德的奴仆。有才而无德，就好比家里没有主人而奴仆执事，怎能不嚣张跋扈？

点评

北宋政治家司马光说："德胜才谓之君子，才胜德谓之小人。"在中国上千年的传统文化中，道德始终是人处于世的最高规范。在道德和才华的较量当中，从短期看，才华横溢的人可以很快胜出；而从长远来看，真正决定一个人成就高低的却是美好的品行。古人说“德高望重”，相比于有才而无德的人，拥有才能且具备美好品德的人，才能真正赢得民心。所谓“邪不压正”，根本的道理也正在这里。

140　铲奸除恶　放条生路

锄奸杜倖，要放他一条去路。若使之一无所容，譬如塞鼠穴者，一切去路都塞尽，则一切好物俱咬破矣。

译文

对待奸邪之人，要放他一条生路。如果把他逼到绝地，就好比把鼠洞塞住，前后去路都堵死，那么所有的好东西都会被咬破毁坏。

点评

常言道，人急拼命，狗急跳墙。狗在危急关头会不顾一切地跳上高墙；人一旦走投无路，就会做出极端的行为。世上的事，没有绝对的非黑即白。对于恶势力，要坚决打击，绝不留情。但对于作恶的人，要给予他改过自新的机会。古人说“穷寇勿追”，是指当邪恶势力被铲除或者控制，只剩下逃命的恶寇时，要放他们一条生路，让他们改过自新，重新做人。一味地赶尽杀绝，只会激起更决绝的斗争，最后两败俱伤，得不偿失。天地能承载万物，所以欣欣向荣、生生不息。领悟了这个道理，也就更透彻明白了人类的生存之道。

141　可与患难　不共安乐

当与人同过，不当与人同功，同功则相忌；可与人共患难，不可与人共安乐，安乐则相仇。

译文

和他人交往，可以共同承担过失，不可共同分享功劳，同享功劳导致相互猜忌；可以共同患难，不可同享安乐，同享安乐导致相互结怨。

点评

人心复杂，欲壑难填。患难的时候，人与人之间很容易团结起来，一起经受风雨，渡过难关。等到论功赏爵的时候，人们便相互争夺，乃至于猜疑嫉妒，反目成仇。古人讲："飞鸟尽，良弓藏；狡兔死，走狗烹。"历史上，那些历经千辛万苦帮助君主打赢天下的功臣，大多受到猜忌，很难有个好下场。有智慧的君子，应该充分认识到这些人性的弱点，将个人的得失看得淡一些。不汲汲于富贵名利，才会在风云变幻的世事人情中，为自己留有余地。

142　善言相劝　功德无量

士君子贫不能济物，遇人痴迷处，出一言提醒之；遇人急难处，出一言解救之，亦是无量功德。

译文

士人君子如果生活贫困不能给予物质上的救助，那么遇到痴迷糊涂的人说句好话以示提醒，遇到危急困难的人说句公道话帮他解难，也算是功德无量。

点评

生活中，有学问的知识分子，遇到别人身处困境的时候，即使不能提供物质上的帮助，但一句善意的好话，也是积德行善。比如看到别人蒙冤时说句公道的话，看到别人身处危境时给予善意的提醒，在别人灰心丧气时多给予鼓励。帮助别人不一定要用金钱来衡量。纵然物质上不富有，但精神上也可以播种爱心，积累美好的品德。

143　人情冷暖　世事炎凉

饥则附，饱则扬①；燠②则趋，寒则弃。人情通患也。

①扬：飞翔。《三国志·魏书·吕布传》："譬如养鹰，饥则为用，饱则扬去。"《晋书·慕容垂载记》："垂犹鹰也，饥则附人，饱则高翔。"②燠（yù）：温暖。此指富贵。

译文

饥寒交加时前去投靠，吃饱喝足了便扬长而去；看人富贵就趋炎附势，看人贫贱便弃之不顾。这是人情常有的通病。

点评

常言道，世态炎凉！人在饥寒交迫的时候，谁能给碗饭吃就投奔谁，哪管对方是冤家还是仇敌！等到酒足饭饱时，内心开始蠢蠢欲动，便寻伺着追逐梦想、远走高飞。古人说，贫居闹市无人问，富在深山有远亲。人贫穷的时候，即使住在闹市中也没有人愿意搭理你；富贵的时候，即使住在深山密林，也总会有一些远方的亲戚朋友，时时把你挂在嘴上。这就是社会人情的通病。一个有修养的君子，不但要明白这些道理，更应该避免这些通病。

144　净拭冷眼　慎动刚肠

君子宜净拭冷眼，慎毋轻动刚肠。

译文

君子处世应该头脑清醒、冷静观察，切忌轻举妄动、态度刚硬。

点评

一个有智慧的人，不会任凭一时冲动而轻举妄动。纵然拥有一副热心肠，也会冷静地看清形势，做出判断。社会生活中，存在很多"好心办坏事"的现象。

那些好心帮助别人的人，虽然怀着助人为乐的善意，但往往因为一时冲动，轻易地做出判断或行动，结果反而惹来不必要的麻烦。更有甚者善心反被利用，而使自己遭受波折。一位德才兼备的君子，纵然饱含一腔热血，也要冷静处世。用沉着的态度，面对世事的复杂。

145 德随量进 量由识长

德随量进，量由识长。故欲厚其德，不可不弘其量；欲弘其量，不可不大其识。

译文

品德随气量而增进，气量随见识而增加。所以想要培养宽厚的品德，就必须增加宽宏的心量；想要增加宽宏的心量，就必须增长广博的见识。

点评

俗话说，宰相肚里能撑船。一个靠自己真本事获得很高职位的人，他的胸襟气度有如大海一般宽广。而宽厚的胸襟正是一个人的美好品德，所谓“厚德载物”。胸怀宽广又与一个人的阅历、境界密切相关。生活阅历越丰富的人，越能够换位思考、体谅他人，因而越具有包容他人的雅量。因此，君子涵养品德，一定要积极地投身社会实践。在丰富的阅历中，不断提高精神境界，培养宽厚豁达的胸怀气度。

146 耳鼻皆桎梏 欲好悉机械

一灯萤然，万籁无声，此吾人初入宴寂时也；晓梦初醒，群动未起，此吾人初出混沌处也。乘此而一念回光，炯然返照，始知耳目口鼻皆桎梏，而情欲嗜好悉机械矣。

译文

黑夜里亮起微黄的灯光，万籁俱寂中人们开始入睡；清晨时梦境刚刚打破，一片安宁中人们开始醒来。利用这一时刻来净化内心反观自省，才明白耳目口鼻皆是束缚心灵的枷锁，而情欲喜好皆为阻碍修行的器具。

点评

夜晚，天色昏暗，万籁俱寂，人们的精神和肉体也安然入眠，所有的烦恼随之消失，心也恢复了平静。到了清晨，天色转亮，鸟鸣啁啾，人也跟着醒来，一切的神思欲念也跟着滚滚而来。这时候，整顿内心，或许一刹那间，能体悟到佛家所说“凡一切相，皆是虚妄”的道理。被生活中纷纷扰扰的欲念填满的心，是否就是它的本来面目？那些追逐耳目之娱的快乐，是否是心灵真正的快乐？看来，一个人只有破除情欲偏爱的蒙蔽，摆脱肤浅的感官之乐，才能真正探求到更高的智慧境界，收获生命的圆满。

147　反己辟众善　尤人浚诸恶

反己者，触事皆成药石；尤人者，动念即是戈矛。一以辟众善之路，一以浚诸恶之源，相去霄壤矣。

译文

能够自我反省的人，所有的经历都会转化为医治恶念的良药；只会埋怨他人的人，起心动念无不是引起矛盾冲突的戈矛。前者用来开辟众善之路，后者却疏通了诸恶之源，两者真是有着天地之别啊！

点评

所谓静坐常思己过，闲谈莫论人非。儒家讲究内省的功夫，认为做人做事，都应该反求诸己，切勿怨天尤人。做事情遇到困难时，要首先从自己身上找原因，而不是推脱责任、埋怨他人。孔子说：“见贤思齐焉，见不贤而内自省也。”见到比自己优秀的人，要向他们学习；见到那些不好的人，则要引以为戒。如此，则任何事情能够成为促使自己进步的台阶。相反，一遇到困难就迁怒于别人，只知道怨天尤人，那么在一片抱怨声中，人也就走向了堕落的边缘。

148 精神万古如新 气节千载长存

事业文章随身销毁，而精神万古如新；功名富贵逐世转移，而气节千载一日。君子信不当以彼易此也。

译文

事业和文章会随着人的死亡而消失，但美好的品德却可以万古长存；功名和富贵会随着时代而转移，但崇高的气节却亘古如一。君子实在不应该丧失内在的品德气节，来换取外在的事业文章、功名富贵。

点评

古人讲“文以载道”。唐代大诗人杜甫写诗道：“文章千古事，得失寸心知。”历代圣贤的思想万古长存，正是靠着事业、文章的薪火相传。他们的个体生命已化为历史的烟尘，而思想观念、精神风骨却历久弥新。同样的道理，一个人生前的富贵名利会很快烟消云散，而那些曾感动世人的精神气节，却会代代传诵，不断影响后人。所以，君子应当励志锤炼自己的精神品格，切忌牺牲崇高的精神气节去换取一时的功名富贵。

149 机里藏机 变外生变

鱼网之设，鸿则罹其中①；螳螂之贪，雀又乘其后②。机里藏机，变外生变，智巧何足恃哉！

①鱼网之设，鸿则罹其中：出自《诗经·邶风·新台》。②螳螂之贪，雀又乘其后：螳螂欲捕蝉而食之，不知道黄雀在自己的身后要吃自己，比喻只见到眼前的利益而忽略了背后的危险。

译文

张网捕鱼时，飞鸟落入其中；螳螂捕蝉时，黄雀乘机而入。大千世界中，玄机中隐藏着玄机，变化中生发着变化，人类的智谋技巧又怎么能靠得住呢？

点评

谚语说“鹬蚌相争，渔翁得利”，“螳螂捕蝉，黄雀在后”。鹬鸟啄着蚌肉不放，蚌合上壳紧紧夹住鹬鸟的嘴。最后，渔翁路过，将两个一起装进了鱼筐。螳螂一心想着要捕食眼前的蝉，哪想到黄雀在身后正紧紧的盯着自己。世上很多事都是如此，暗藏玄机，一环扣着一环。人纵使穷尽自己的智慧，又怎么跟千变万化的大自然相较量呢？所以，人处于世，不仅需要谦虚和谨慎，更要有一些“塞翁失马，焉知非福”的乐观豁达。不要将一时的得失看得太重，否则就会作茧自缚，自毁前程。

150　做人贵真　涉世尚圆

作人无点真恳念头，便成个花子，事事皆虚；涉世无段圆活机趣，便是个木人，处处有碍。

译文

做人如果没有一点真诚的念头，那就会像个乞丐，做任何事情都显得虚伪卑微；处世如果没有一些灵活的技巧，那就会像个木头，顽固不化四处碰壁。

点评

人心贵在真实。人与人的交往，应该以诚相待，互利共赢。《论语》说：“民无信不立。”政府如果失去了诚信，国家很快就会垮掉。人如果失去了诚信，就没有办法在社会立足。那些诡计多端的小人，纵然能够骗取一时的好处，但谎言终究是谎言，一旦被揭穿，他们将毫无容身之地。处世贵在圆融。做事情应该尽量用温和而又圆融的方式。圆融不是圆滑，而是做事情的时候，要依据形势变化做出调整，保持一些进退的弹性。一味死守教条，像个木头人一样，就会显得呆板而且愚蠢。

151 水不波则定 心不混而清

水不波则自定，鉴不翳则自明。故心无可清，去其混之者而清自现；乐不必寻，去其苦之者而乐自存。

译文

水面不起波澜自然平静，镜面没有灰尘自然明净。所以，一个人的心灵无须刻意清洗，去掉了私心杂念，自然清净安宁；生活的乐趣也不必刻意追寻，排除了痛苦烦恼，就会快乐幸福。

点评

禅语说，心清水现月，意定天无云。心灵清澈如平静的水面，智慧的明月自然会呈现在心湖之中。“天下本无事，庸人自扰之。”世间万物和谐共生，欣欣向荣。如果一味地追求物我之别，贪求私欲的满足，就好比无风起浪，原本清净的心灵便蒙上了尘埃，智慧的心性也受到了扰乱，变得躁动不安。这实在是庸人自扰、自寻烦恼。

152 最忌一念 犯禁伤和

有一念犯鬼神之禁，一言而伤天地之和，一事而酿子孙之祸者，最宜切戒。

译文

如果有连鬼神都禁忌的邪恶念头、伤害世间和谐安宁的言语、给子孙带来灾殃的事情，就应该引以为戒。

点评

禅语讲，调身调息，正念相续；日行一善，步步道场。红尘即道场，日常即修行。生活中，每一个念头，每一句话，每一件事，无不是修行者砥砺品性、修身立德的道场。《坛经》说:“迷人念佛求生于彼,悟人自净其心。”真正觉悟大道的人,必然要在自己的心念上下功夫,自觉摒除邪思恶念,抵制贪嗔痴等人性弱点。俗话说,宁吃过头饭,不说过头话。意思是宁可吃饭吃得太饱撑到自己,也不要把话说得太绝伤害别人。做事情更是如此,那些伤天害理的邪恶勾当,正人君子一定要引以为戒,自觉地远离和抵制。

153 事缓则明 人宽则从

事有急之不白者,宽之或自明,毋躁急以速其忿;人有操之不从者,纵之或自化,毋躁切以益其顽。

译文

有些事情越着急越弄不清楚,缓一缓再处理,或许自会明白,万不可急躁冒进,加剧紧张气氛;有些人越教导越不听话,放一放再管教,或许自会听从,万不可严厉指责增加抵触情绪。

点评

《论语》说:“欲速则不达。”做任何事情,操之过急,总是很难达成目的。所以,当局面僵持不下时,不妨暂缓一下进度,也许退一步就会海阔天空、柳暗花明。一味纠缠在问题当中,只会越陷越深,不断积累矛盾,反而不利于解决问题。教育别人也是一样。遇到那些顽固不化、说理不通的人时,不妨先顺着对方的意思来,随着事情进展,再不失时机地给予点拨,扭转局势。如果强加指导,结果往往事与愿违。

154 节义文章 陶之以德

节义傲青云①,文章高白雪②,若不以德性陶之,终为血气之私,技能之末。

①青云：比喻身居高位的达官贵人。②白雪：古曲名，比喻稀世罕见的杰作。

译文

气节道义胜过高官厚禄，文辞篇章胜过绝世名曲，但两者如果没有美好的道德品性加以熏陶，最终气节便沦为逞强好胜，文章也只是雕虫小技。

点评

作者曾说过："德者，才之主；才者，德之奴。"一个人纵然才高八斗、文章盖世，如果没有道德品性做基础，一切的才能也就成了雕虫小技，再美好的文辞也会沦为没有灵魂的衣裳。一个人的气节同样需要品德为基石。黑社会最讲究兄弟义气，而流氓终究是流氓。他们危害社会治安，伤害无辜群众，纵使抱团取暖、为兄弟两肋插刀，最终却不过是过街的老鼠，人人喊打。

155　盛时退隐　净地修身

谢世当谢于正盛之时，居身宜居于独后①之地。

①独后：不与人争，甘居人后。

译文

急流勇退要在事业的巅峰之时，修身养性应在与世无争的清净之地。

点评

烟花绚烂美丽，却在最灿烂的时候谢幕，因而成就了"瞬间即永恒"的佳话。人生也是如此。一个人功成名就时，要懂得急流勇退的道理，不要等到江河日下、日薄西山的时候，才想起要抽身远离、避祸全身，这时候已为时晚矣。人处于世，修身立德要有一些无私奉献的精神，如范仲淹所说："先天下之忧而忧，后天下之乐而乐。"要为社会多肩负一点责任和担当，而不是争先恐后地包揽私利。

156　谨于至微　施与不报

谨德须谨于至微之事，施恩务施于不报之人。

译文

恪守道德，要在细微处下功夫；施人恩惠，要给那些无力回报的人。

点评

品德修养，就好比存储金钱，要一点一滴地做起。即使最细微的地方，也要严格要求自己，这样才能逐步养成良好的习惯。所谓“细节决定成败”，正是这个道理。帮助别人，一定要帮助那些真正需要的人，即使对方无力回报，也在所不辞。否则，这种帮助便成了表演，只是为了炫耀自己；或者成为交易，贪求回报，有所获取。

157　纷华不如纯朴　谈今不如述古

交市人不如友山翁；谒朱门不如亲白屋；听街谈巷语，不如闻樵歌牧咏；谈今人失德过举，不如述古人嘉言懿行。

译文

与其结交市井之人，不如结交山林隐士；与其巴结豪门，不如亲近平民；与其街头谈论是非，不如听一听山歌牧声；与其对今人的举措过失评头论足，不如对古人的美好言行加以传扬。

点评

喧嚣的红尘，车水马龙，流光溢彩。这里的人们，一方面享受热闹、浮华的生活，另一方面也都在为功名利禄而奔波劳顿、风尘仆仆。清幽的山林，古木参天，鸟语花香。生活在这里的人们，少了世故人情，日子免不了清苦，却也乐得幽静、安闲。红尘里有街谈巷语、天下大事，山林里有樵夫牧歌、流水潺潺。无论哪一种生活，都是个人的选择。对于久处红尘的人来说，适当回归山林，感受一下山林生活的幽静、淡泊，也不失为调养性情的一种方法。

158　德为业基　基固业坚

德者事业之基，未有基不固而栋宇坚久者。

译文

美好的品德是事业的根基，根基不稳则身心不安。这就好比是修盖房屋，地基不坚实，房屋便很难牢固。

点评

一个人能力再强，如果没有美好的品性，也很难走得长远。历史上那些大奸大恶之人，纵然煊赫一时，最终却难免家破人亡、遗臭万年。所以说，美好的品德，是立身的根本。一个人的事业，必须要有道德做底线，才能基业长青、江山永固。

159　善心植　后裔昌

心者后裔之根，未有根不植而枝叶荣茂者。

译文

善良的心性，是后代昌盛的根本，就好比根深才能叶茂。

点评

人的品性有善有恶。《易经》说："积善之家，必有余庆。积不善之家，必有余殃。"一个人的善心，一定会带来好的福报。行善积德的人家，心性善良，热心助人，自然会不断得到邻里朋友的亲近，为子孙后代积累良好的口碑，树立良好的家风。那些作恶多端的人，"多行不义必自毙"，他们迟早会受到命运的惩罚，很难永葆昌盛。

160 自昧自夸 学问切戒

前人云:“抛却自家无尽藏,沿门持钵效贫儿。”又云:“暴富贫儿休说梦,谁家灶里火无烟?”一箴自昧所有,一箴自夸所有,可为学问切戒。

译文

前人说:“抛弃自己家里的无尽财富,却效仿穷人拿着破碗沿街乞讨。”又说道:“暴富的穷人不要炫耀财产,哪户人家的炉灶里不冒有烟火呢?”一句劝勉不自知的人,一句劝勉好夸耀的人,这些都是做学问的大忌。

点评

做学问的人,一定要有深厚的定力功夫。既不妄自尊大,也不妄自菲薄。禅语讲平常心是道。读书人一定要以平和清净的心态来读书学习。唯有在一片澄明的心境中,才能收获真正的智慧。作者曾说:“读书而寄兴于吟咏风雅,定不深心。”读书做学问,整天想着卖弄才学、热闹表现,一定不能聚精会神、专心致志,最后只能成为一个浅薄的陋儒而已。

161 随人接引 随事警惕

道是一种公众物事,当随人而接引[①];学是一个寻常家饭,当随事而警惕。

①接引:本指引渡众生。此指引导。

译文

自然规律是一种人人可以获得的公共事物,而获得的路径、方法应当因人而异;求学问道是一种像家常便饭一样普通的学习活动,而学习的内容应当随事而定。

点评

《易传》说:“天下一致而百虑,同归而殊途。”天下大道,殊途同归。在具体的生活中,每一个人的阅历不同、根性不同,对道的理解就不同。因此,传道授业要充分尊重每个人的特殊情况,因人而异,因材施教。学习也一样。虽说要触类旁通、举一反三,但也要具体问题具体分析,切不可一叶障目,以偏概全。如此,无论传道授业,还是求学问道,最终都能得到天地大道的受用。

162 己诚故信人 己诈故多疑

信人者,人未必尽诚,己则独诚矣;疑人者,人未必皆诈,己则先诈矣。

译文

一个能够深信别人的人,虽然别人未必全都诚实,但自己已先做到了诚实;一个经常怀疑别人的人,虽然别人未必全都狡诈,但自己已成为了狡诈的人。

点评

《论语》说:“君子坦荡荡,小人长戚戚。”君子光明磊落,为人坦诚,不会无端地猜忌别人。即便遭到他人的算计,也会不失风度,真诚以待。小人则不然。小人“以己之心度人之腹”,算计别人的时候,以为别人都如他一样充满机心,因此邪念纷杂,面目猥琐。

163 心宽春风暖 忌刻万物凝

念头宽厚的,如春风煦育万物,遭之而生;念头忌刻的,如朔雪阴凝万物,遭之而死。

译文

内心宽厚的人就像春风化育万物,令人生机勃勃;内心刻薄的人就像冰雪摧残万物,令人倍觉酷冷。

点评

一个心地善良、品性宽厚的人,为人处世自然温柔敦厚,平易近人。因此,往往也会有好人缘,吸引着左邻右舍的亲朋好友。他们就好像是温暖的春风化育万物,不自觉地给人欢喜、给人希望。那些刻薄寡恩的人,凡事斤斤计较,眼里只有自己没有别人,跟他们打交道就好像是冷风怒号、雨雪纷飞,令人生厌,唯恐避之不及。

164 为善草里瓜 为恶庭前雪

为善不见其益,如草里冬瓜,自应暗长;为恶不见其损,如庭前春雪,当必潜消。

译文

做好事的功德,表面上似乎看不出来,但就像掩藏在草里的冬瓜,一天天潜滋暗长;做坏事的损害,表面上似乎看不出来,但就像庭院台阶上春雪融化一般,不知不觉中暗暗积累。

点评

俗话说,善为福本。善良的心性是幸福生活的根本。万丈高楼平地起,做任何事情都需要从一点一滴积累开始。行善积德也是一样。所谓"勿以恶小而为之,勿以善小而不为",不要因为恶业较小便放纵自己,日积月累很可能会酿成大错;也不要因为善业小而不屑一顾,那些成就大业的人无不是从点滴的小事做起的。

165 遇故友意气新 处隐微心迹显

遇故旧之交,意气要愈新;处隐微之事,心迹宜愈显;待衰朽之人,恩礼当愈隆。

译文

遇见多年不见的老友,情意要更加热情真诚;处理隐秘细微的事情,心思要更加坦荡光明;对待年迈衰老的人,礼数要更加周全完备。

点评

俗话说,衣不如新,人不如故。人生中的一大喜事便是他乡遇故知。老朋友拜访,当然热烈欢迎,真诚相待。做人贵真。事无不可对人言。为人处世,即使处理一些隐微之事,也要光明磊落,而不是畏畏缩缩。对待行动不便的老年人,要有同理心,心怀同情,态度恭敬。每个人都有衰老的一天,尊重他人,其实就是在尊重自己。

166 君子勤俭立德 小人勤俭谋利

勤者敏于德义,而世人借勤以济其贫;俭者淡于货利,而世人假俭以饰其吝。君子持身之符,反为小人营私之具矣,惜哉!

译文

勤奋的人孜孜于追求道义,而世人却汲汲于获取财富;节俭的人看淡货物资财,而世人却假借节俭来掩饰吝啬。君子用来修身的美德,反被小人用来蝇营狗苟,可惜啊!

点评

世事艰深,有遵德守纪的正人君子,也有诡计多端的江湖小人。勤劳是中华民族的传统美德。然而,君子勤于修身,小人却勤于逐利。君子生活简朴,甘于淡泊;小人却佯装简朴,伪饰自己的吝啬。君子坦坦荡荡,表现出令人景仰的品格风尚;小人却反其道而用之,表面看起来像个君子,背地里却一肚子的坏心眼。人处于世,一定要提高警惕,分辨清楚哪些是真小人,哪些是伪君子。

167 凭意无作为 纵情难开悟

凭意兴作为者，随作则随止，岂是不退之轮[1]；从情识解悟者，有悟则有迷，终非常明之灯[2]。

①不退之轮：轮指法轮，将佛法比喻为不断转动、碾压一切妖魔外道的车轮，因佛法能破除一切烦恼障碍而无所阻挡，所以称不退之轮。②常明之灯：佛教用来指内心的清净光明，比喻智慧。

译文

任凭意气冲动来做事情，兴来则行动，兴尽则停止，这怎么会是保持前进的不退车轮呢？依据情感认知来理解事情，有时明白有时糊涂，这到底不是长久明亮的智慧宝灯！

点评

佛教将佛法的传播比喻为"法轮常转"，永不停息。那些一代又一代的弘法者传播佛法，靠的绝不是一时兴起，而是坚定的信仰和恒久的毅力。做事情也一样，只有凭借初恋般的激情和宗教般的意志，人才有可能成就一番伟业。佛教将智慧比喻为"常明之灯"。智慧如灯常明，但绝非通过变化不定的七情六欲而获得。以情悟道的人，难保不为情所困。想要有一番成就的人，就要谨防种种冲动的情感。

168 人过误宜恕 己困辱宜忍

人之过误宜恕，而在己则不可恕；己之困辱宜忍，而在人则不可忍。

译文

对别人的过失和错误应该宽恕，对待自己则严格要求。对自己的困顿屈辱应该忍受，对待别人则多加帮助。

点评

中国自古就主张君子之道“宽以待人，严于律己”。一个有修养的君子，对待自己要严加要求，对待别人则宽容敦厚。对待自己遭受的苦难，要学会坚强面对；看到别人身处困境，则应该伸出援助之手。《论语》说：“其身正，不令而行；其身不正，虽令不从。”君子要想正人，先要正己。从自己身上下手，树立榜样，才能真正地影响他人、带动他人。

169　能脱俗便奇　不合污即清

能脱俗便是奇，作意尚奇者，不为奇而为异；不合污便是清，绝俗求清者，不为清而为激。

译文

能够超凡脱俗便是奇人，刻意标新立异的人，不是奇人而是怪异；不同流合污就算清高，远离世人标榜清高的人，不是清高而是偏执。

点评

一个人能够脱离世俗的窠臼，拥有独特的人格和风骨，自然会受到世人的景仰。那些刻意标新立异的人，用种种怪异的行为、着装表现自己，就会显得矫揉造作而丑态百出，恰如东施效颦，令人捧腹。人处于世，免不了要和形形色色的人打交道。水至清则无鱼，人至察则无徒。蒸馏水养活不了金鱼，精明过分的人便没有朋友。同样的道理，一个远离人群、独身索居的人，对社会的价值也往往有限。品格高尚，绝非避世才能修得。只要不同流合污，不向邪恶势力低头，便是一个道德高尚的人。

170　恩宜自淡而浓　威宜自严而宽

恩宜自淡而浓。先浓后淡者，人忘其惠；威宜自严而宽。先宽后严者，人怨其酷。

译文

给人恩惠要由少到多。先多后少,容易使人忘记你的恩惠;树立威严应该先严后宽。先宽后严,容易使人抱怨你的冷酷。

点评

生活中,施人恩惠要讲求方法,应该先少后多。一开始就给对方大量的物资,使对方惊喜之余,又增加了过高的期待。等到后来恩惠减少的时候,对方期待落了空,心中难免不平。原本是助人的善举,也在这不平之气中被冲淡了。教育他人的时候,应该先严后宽。一开始就要立下严格的规矩,以示警诫。否则,规矩立不起来,人也容易疏怠。等到人懈怠的时候再严加要求,便会招引怨声一片。

171 心虚则性现 意净则心清

心虚则性现,不息心而求见性,如拨波觅月;意净则心清,不了意而求明心,如索镜增尘。

译文

排空杂念,清净的心性就会显现,不制止妄想去追求心灵安宁,就好比拨动水波来寻找明月;意念干净,内心自然清明,不根除情欲去追求心灵明净,就好比在蒙着灰尘的镜前照影。

点评

禅语说,心清水现月,意净天无云。一个人心湖澄明,智慧的明月便映现其中。一个人意念干净,就好像晴朗的天空万里无云。神秀大师说:"身是菩提树,心如明镜台;时时勤拂拭,莫使惹尘埃。"禅宗主张"明心见性",将人的心灵比作一面镜子,只有不断降服种种杂念,保持意念的清净,才能在一种深度宁静之中,体悟宇宙生命之妙。

172　奉我不足喜　侮我不足怒

我贵而人奉之,奉此峨冠大带也;我贱而人侮之,侮此布衣草履也。然则原非奉我,我胡为喜?原非侮我,我胡为怒?

译文

当我位高权重时,人人奉和我,奉和的其实是我这身官帽官服。当我身份卑微时,人人欺负我,欺负的其实是我这身布衣草鞋。可见,本来就不是奉和我,我为何要高兴呢?本来也不是欺负我,我又何必愤怒呢?

点评

俗话说,有钱能使鬼推磨。财富和地位,能让人们俯首称臣。身处这个现实的社会,大多数的人奋斗终生都为功名利禄,而成功的人却少之又少。因此,人生真正的修行,与其说是追求财富和地位,不如说是如何正确看待财富和地位。努力奋斗的同时,不妨将物欲看得淡一点,便会少很多烦恼和忧虑。

173　为鼠常留饭　怜蛾不点灯

"为鼠常留饭,怜蛾不点灯",古人此等念头,是吾人一点生生之机。无此,便所谓土木形骸①而已。

①土木形骸:土木指只有躯壳而没有灵魂的泥土和树木,形骸指人的身体。

译文

"心疼老鼠饿死就常留一点饭粒,可怜飞蛾被火烧死就不点亮油灯。"古人有这样的善念,正是人类繁衍不息的生机所在。如果没有了善心,人便是一副没有灵魂的皮囊而已。

点评

中国佛教宣扬大乘精神，提倡慈悲为怀、自度度他。佛教认为，每一个善念，都好比是星星般的小火苗，积少成多，便会形成强大的力量。因此，人一定要培植善德，广种福田。行善积德的时候，不仅仅关注人自身，也关注自然界中弱小的生命，比如小动物。要爱护动物，为它们留一些生存的空间。今天人们讲可持续发展，并逐渐意识到，保护动物，就是在保护人类自己。

174 心体即天体 随缘则无碍

心体便是天体，一念之喜，景星庆云；一念之怒，震雷暴雨；一念之慈，和风甘露；一念之严，烈日秋霜。何者少得？只要随起随灭，廓然无碍，便与太虚同体。

译文

人心即天地之体。内心喜悦，就好像祥瑞的星云；内心愤怒，就好像雷鸣暴雨；内心慈祥，就好像和风甘露；内心严苛，就好像烈日秋霜。这些喜怒哀乐之情，就好像大自然的种种变化，哪一样能缺少得了呢？只要不执着沉迷，心胸博大无所凝滞，便与天地同为一体。

点评

人的精神世界异常丰富，种种念头瞬息万变。人有喜怒哀乐，就好像大自然有风霜雨露。道家主张“道法自然”，认为修行的最高境界，就是与天道合一。尽管大自然阴晴不定，而宇宙天体却寥廓通达、毫无阻碍。人也应该如此。虽然人有七情六欲，情绪起起伏伏，而智慧的心性却含纳一切，廓然无碍。

175 照以惺惺 主以寂寂

无事时心易昏冥，宜寂寂[①]而照以惺惺[②]；有事时心易奔逸，宜惺惺而主以寂寂。

①寂寂:沉默、静寂,指心灵的安宁。②惺惺:清醒、机警。

译文

无所事事时心思容易昏沉,这时应该在安宁中保持警惕;忙忙碌碌时心思容易放驰,这时应该在奔波劳碌中保持沉着。

点评

饱食终日无所事事,人就会滋生惰性,以至于意志消沉,陷入昏沉暗昧的状态。这时候就要提醒自己,要做一些积极的计划、安排,丰富生活,振作精神。整日奔波忙碌的时候,心便被种种琐事搅扰,容易劳心耗神、神思弛散。这时候就要提醒自己冷静下来,控制冲动奔涌的心神,才不至于忙中出错。

176 议事宜悉利害 任事当忘利害

议事者身在事外,宜悉利害之情;任事者身居事中,当忘利害之虑。

译文

议论时事,应以冷眼旁观的态度,了解事情的利弊得失;主持政务,应置身其中亲身感受,不计较个人的利害得失。

点评

俗话说,当局者迷,旁观者清。置身事中和置身事外,感受不同,观察的角度不同,获得的认识便不同。议论时事的时候,应该本着客观公正的态度,站在一定的高度来观察事情的来龙去脉。如此,才能把握全局,发现问题的本质。处理政事的时候,须知"纸上得来终觉浅,绝知此事要躬行"的道理。只有亲身参与,置身其中,才能充分感受矛盾双方的问题症结,处理的时候也更能够把握分寸,游刃有余。

177 操履要严明 心气要和易

士君子处权门要路，操履[1]要严明，心气要和易。毋少随而近腥膻[2]之党，亦毋过激而犯蜂虿[3]之毒。

①操履：操守和行事。②腥膻：鱼臭为腥，羊臭叫膻。比喻操守卑污的人。③虿(chài)：毒虫名，属蝎一类，比喻人心险恶。

译文

读书人处于权位之中，操守要严明，心地要平和。不可妥协跟随而结党营私，也不可态度激越触犯小人。

点评

古代的读书人，学而优则仕。读书做官是古代知识分子入世的一般途径。然而，从读书到做官，从书本到实践，其实还有很长的路要走。古今那些成功的政治家，他们善于把握时势，协调各方力量。而读书人往往书生意气，充满理想主义。因此，作者劝告那些初入官场的读书人，只有洁身自好，才能明哲保身。否则，拉帮结派或者意气用事，都会使自己迅速堕落，最后在复杂的形势中迷失方向。

178 不近恶事 不立善名

标节义者，必以节义受谤；榜道学者，常因道学招尤。故君子不近恶事，亦不立善名，只浑然和气，才是居身之珍。

译文

标榜节义的人，必然会因节义而受毁谤；标榜道学的人，常常由于道学而受指责。因此有修养的君子，既不做恶事也不争善名，只要纯朴敦厚，就是立身之宝。

点评

中国人自古讲求谦虚、低调。无论做人做事，都应该保持谦逊的姿态。那些喜欢夸饰自己具有美好品德、渊博学问的人，虽然自我感觉良好，却很难令人信服。更何况，学问道德并非吹嘘来的，而是从艰苦中磨练出来的。一个有德行的君子，不会拿自己的名节、学问作炫耀的资本。他们纯朴而又低调，在平凡的姿态之中践行着不平凡的伟业。

179 诚信和气 化育天下

遇欺诈之人，以诚心感动之；遇暴戾之人，以和气薰蒸之；遇倾邪私曲之人，以名义气节激砺之，天下无不入我陶冶中矣。

译文

虚伪狡诈的人，用真诚善良去感化；脾气暴戾的人，用温柔平和去影响；淫邪自私的人，用道德气节去激励。能够做到这些，则天下人皆可以被陶冶感化。

点评

古人说，兵来将挡，水来土掩。敌人来了就用兵将来抵御，洪水来了就修筑堤坝阻挡。任何事情，总有解决的办法；任何人，也总有相处的方法。君子之道，不仅在于和他人和睦相处，更在于能够用自己的品德、智慧来感化他人，影响他人。人非草木，孰能无情？即使再狡诈的人，用真情相待，也能够打动对方，化解邪思邪念。暴戾的脾气可以用柔和来消解，自私的心性可以用道义来劝勉。以德服人，天下人无不心悦而诚服。

180 一念慈祥 寸心洁白

一念慈祥，可以酝酿两间和气；寸心洁白，可以昭垂百世清芬。

译文

心中有了善念，可以形成天地间祥和的气息；心地纯净洁白，可以给后世留下美好的名声。

点评

佛教讲，一念善心，地狱即天堂；一念恶心，天堂即地狱。人生处世，唯有纯洁善良的心灵，才能拥有高贵自由的精神。爱，是人类繁衍生息的最根本动力。心中充满了慈悲的善念，看待天地万物无不祥和美满。修身立德品行端正，则历千世万世也经得起历史的检验，收获美好的声名。

181　庸德庸行　和平之基

阴谋怪习，异行奇能，俱是涉世祸胎。只一个庸德庸行，便可以完混沌而召和平。

译文

阴险的计谋怪异的习气，奇异的行为古怪的技能，皆是招致灾乱祸患的根源。只有平实的德操和言行，能保全人心的浑朴，给人带来平安和幸福。

点评

儒家讲中庸之道，反对标新立异，主张平实中正，强调做人要温柔敦厚、朴实庄重。那些性情诡谲、行事遮掩、怪诞奇特的人，皆不为儒家所倡导，并斥之为品性不端。然而，在现代生活中，人需要有一些开拓创新的精神，大胆推陈出新、寻求突破。而创新绝不是追求奇特怪诞。在求新求变的路上，人应该保持一些中正平和的态度，谨防偏激行事带来灾祸。

182　登山耐侧路　踏雪耐危桥

语云:“登山耐侧路,踏雪耐危桥。”一耐字极有意味,如倾险之情,坎坷之世道,若不得一耐字撑持过去,几何不堕入榛莽坑堑哉?

译文

有句话说:“登山要耐得住险路,踏雪要耐得住危桥。”这一个“耐”字实在是意味深长。比如那些复杂艰险的人心、坎坷不平的世路,如果不是靠着坚韧的耐力来支撑自己,难保不会坠入荆棘遍布的沟壑之中。

点评

人生有波澜,世事有弯曲。人的一生,总会遇到各种各样的问题,经受各种各样的磨难。《庄子》说:“临大难而不惧者,圣人之勇也。”面对困难,首先精神上要无惧无畏,勇敢面对。战略上藐视之,战术上重视之。其次,要怀有必胜的信念,坚信道路是曲折的,但前途是光明的。《论语》说:“士不可以不弘毅,任重而道远。”李白作诗道:“长风破浪会有时,直挂云帆济沧海。”人生必须要有坚韧不拔的精神,不向困难低头,不向挫折屈服!

183　虽无寸功只字　亦能坦荡做人

逞功业,炫文章,皆是靠外物作人。不知心体莹然,本来不失,即无寸功只字,亦自有堂堂正正作人处。

译文

夸矜功业、炫耀文章,都是依靠外物彰显自身价值。要知道一个人的内心原本清净光明、圆满无缺,即使没有任何伟大的事业和传世的文章,也仍是一个堂堂正正顶天立地的人。

点评

《坛经》说："菩提只向心觅，何劳向外求玄？"禅宗认为，天地宇宙的大道，就存在于人的心性之中，任何向外的探索、追求，都是迷己逐物，逐物迷心。因此，一个人的真正价值，就是回归本性，安住本心。那些通过追求功业、卖弄文辞来彰显自己的人，在佛教看来都是"向外求玄"，并没有真正觉悟大道。一个真正悟道的人，是一个活泼泼做自己的人。即使没有获得显著的功名，也不失心灵的纯真和自由。

184 不因境而迁 不随事而靡

忙里要偷闲，须先向闲时讨个把柄；闹中要取静，须先从静处立个主宰。不然，未有不因境而迁，随事而靡者。

译文

忙碌的时候要学会休闲，必须要有合理的安排；喧嚣的时候要保持冷静，必须心里有明确的主张。否则，就很难摒除环境的干扰，摆脱物累。

点评

古人主张忙里偷闲、闹中取静，强调做事情要劳逸结合、动静相宜。但问题在于如何才能做到？这里，作者提出了具体的方法：劳逸结合离不开事先安排，动静相宜要心里有主。没有合理的安排，忙里偷闲就是一句空话，人就会在忙碌和休闲的生活中间失去平衡。心里没有明确的主张，在一片混乱喧嚣中，人自然也就乱了阵脚，如何保持冷静？

185 德之三端 君子三立

不昧己心，不尽人情，不竭物力，三者可以为天地立心，为生民立命，为子孙造福。

译文

不违背自己的良心，不冷酷没有人情，不过度耗损物力。如果能做到这三点，就可以在天地间树立起自己的品德，为黎民百姓奉献自己的使命，为子孙后代积累福报。

点评

北宋理学家张载说过："为天地立心，为生民立命，为往圣继绝学，为万世开太平。"读书人的理想，就是要在天地之间树立起自己的道德良知，勇担使命，发扬学问，造福百姓，垂泽万世。这里，作者为读书人指出了一条具体的路径：要明辨是非，而不是违背良心；要温和善良，而不是冷血无情；要节用知足，而不是过度耗损。如果能做到这三点，便是把读书人的理想落到了实处。

186　唯公生明　唯廉生威

居官有二语，曰"唯公则生明，唯廉则生威"；居家有二语，曰："唯恕则清平，唯俭则用足。"

译文

做官有两句格言："只有公正才能清明磊落，只有廉洁才能使人敬畏。"治家有两句格言："唯有宽容才能清净安宁，唯有节俭才能家用充足。"

点评

为官之道，必须公正无私，廉洁自律。《隋书》说："居上莫能公道以御物，为下必踵私法以希时。"为官者如果不能主持公道，那些下层的老百姓也会投其所好，徇私枉法，扰乱社会。正所谓"上梁不正，下梁必歪"。治理家庭要以和为贵，勤俭持家。《资治通鉴》说："取之有度，用之有节，则常足。"家庭财富的积累，需要开源也需要节流。节俭家用而不挥霍，才能保持长久的富足。

187 富贵不忘贫贱 少壮当念衰老

处富贵之地，要知贫贱的痛痒；当少壮之时，须念衰老的辛酸。

译文

身处富贵的时候，要体谅贫苦人家的艰辛；年富力强的时候，要考虑年纪衰老的不易。

点评

人的一生，有显达，也有困顿；有顺境，也有逆境。俗话说，三十年河东，三十年河西。当春风得意、富贵荣华的时候，切莫得意忘形、骄傲自满，要能够体谅贫寒之士的艰辛，多行善事，积累福报。当年富力强的时候，不要嘲笑老年人的衰弱无力，因为每个人都有衰老的一天。须知“少壮不努力，老大徒伤悲”。趁着年轻努力奋斗，积累充足的资财才能安享晚年。

188 持身与人 忍辱宽容

持身不可太皎洁，一切污辱垢秽要茹纳①得；与人不可太分明，一切善恶贤愚要包容得。

①茹纳：忍受接纳。茹：吃，引申为忍受辛苦、含辛茹苦。《方言》：“茹，食也，吴越之间，凡贪饮食者谓之茹。”

译文

修身养性不可太自命清高，一切辱骂委曲、污秽肮脏都要容忍得下；待人处世不可太善恶分明，不管善人恶人、智者愚者都要包容得下。

点评

秦朝宰相李斯说：“泰山不让土壤，故能成其大；河海不择细流，故能就其深；王者不却众庶，故能明其德。”君子立身，要有容人的雅量。每个人都有优点和缺点。孔子说：“三人行，必有我师焉。择其善者而从之，其不善者而改之。”与人相处，要善于发现和学习别人的优点，才能不断进步。看到他人的缺点，要及时反观自身，有则改之，无则加勉。

189 休与小人结仇 休向君子谄媚

休与小人仇雠，小人自有对头；休向君子谄媚，君子原无私惠。

译文

不要跟小人结仇，小人自然有他的对头；不要向君子献媚，君子不会因私情而施于恩惠。

点评

“卤水点豆腐，一物降一物。”鸟吃虫，猫捕鼠，是大自然保持平衡的法则。“恶人自有恶人磨”，小人自有小人来对付。面对心地不善的小人，要保持距离，尽量避免无谓的争执，徒耗心力。同样，对待君子不必曲意迎合。君子秉持立身处世的原则，不会为了私情而法外开恩。

190 势理病难医 义理障难除

纵欲之病可医，而势理之病[①]难医；事物之障可除，而义理之障难除。

①势理之病：固执己见、刚愎自用的毛病。

译文

放纵情欲的毛病可以医治，而顽固不化的毛病却难以医治；阻挡事物的障碍可以移除，而思想认识上的障碍却难以排除。

点评

明代思想家王阳明说："去山中贼易，去心中贼难。"去除山中的贼寇容易，去除心中的思维惯性、偏见陋习却是难之又难。一个人纵情声色的恶习通过严加看管，总能纠正；而思维上的固执己见、愚昧无知，除非自己下大力气思索觉悟，否则外人又怎么能强行改变得了呢？

191 磨练如百炼金 施为似千钧弩

磨练当如百炼之金，急就者非邃养[1]；施为宜似千钧之弩，轻发者无宏功。

①邃养：高深修养。

译文

磨砺身心要像冶炼钢铁，急于求成就不会有深厚的修养；处理事情要像使用千钧重弓，轻松拨动就不会有宏伟的功业。

点评

若要功夫深，铁杵磨成针。人生路没有捷径可走。无论做人做事，都应该踏踏实实、稳扎稳打。急于求成，难免流于肤浅。积蕴至深，方可厚积薄发。那些投机取巧、急功近利的人，虽然能取得一时的成效，但往往根基不牢、难成大业。处理问题要深谋远虑、严肃认真。如果只是蜻蜓点水，则徒劳无功。

192 宁为小人忌 勿受君子恕

宁为小人所忌毁，毋为小人所媚悦[1]；宁为君子所责备，毋为君子所包容。

①媚悦：本指女性以美色取悦于人，此指用不正当行为博取他人欢心。《史记·佞幸列传》："非独女以色媚，士亦如之。"

译文

宁可遭受小人的猜忌和毁谤，也不要被小人的献媚所蛊惑；宁可遭受君子的责难和训斥，也不要被君子的雅量所包容。

点评

小人的甜言蜜语往往不怀好意。常言说，英雄难过美人关。美人计利用的正是人性贪恋美色、爱慕虚荣的弱点。所以，听到漂亮的恭维话，人一定要提高警惕，保持清醒。君子待人以诚。即使有所责备，也是忠言逆耳。与君子交往，“听君一席话，胜读十年书”，要认真听取君子的劝勉。否则，被君子的雅量包容时，自己也就失去了改过向善的机会。

193 好利害尚浅 好名害尤深

好利者轶出于道义之外，其害显而浅；好名者窜入于道义之中，其害隐而深。

译文

好利的人，他的行为超出道义之外，其危害明显且容易防范；好名的人，他的行为假借道义之名，其危害不易察觉却影响深远。

点评

常言说，宁做真小人，不做伪君子。那些追名逐利的人，如果毫不隐藏自己对功名利禄的喜爱，倒也显有几分真诚坦率。即使他们的行为不符合道义的要求，但危害总是显而易见，也容易防范。最要警惕的是那些伪君子。孔子说：“巧言令色，鲜矣仁。”那些花言巧语、善于伪装的人，心地往往很坏。他们混迹在君子之中，利用人们的善良做出邪恶的勾当，手段隐秘，危害极大。

194 刻极薄尤 君子切戒

受人之恩，虽深不报，怨则浅亦报之；闻人之恶，虽隐不疑，善则显亦疑之。此刻之极，薄之尤也，宜切戒之。

译文

受人恩惠再大也不报答，别人稍有得罪便设法报复；听到恶行再小也坚信不疑，对别人明显的善行却充满怀疑。这样的人，苛刻至极，冷漠至极，君子应该切戒。

点评

《论语》说："见贤思齐焉，见不贤而内自省也。"为人处世，看到优秀的人要向他学习，看到不好的人则要反观自身，砥砺自勉。生活中不乏一些刻薄寡恩的人，眼里尽是他人的是是非非。受人恩惠，毫不在意；与人结怨，则想法设法报复。听到夸赞别人的好话，半信半疑；听到别人不好的声名，就立刻信以为真。这种自私而又冷漠的性情，君子一定要引以为戒。

195　谗毁遮日　媚言侵肌

谗夫毁士，如寸云蔽日，不久自明；媚子阿人，似隙风[①]侵肌，不觉其损。

①隙风：从墙壁和门窗的小孔里吹进的风。这种风最易使人身体受伤而得病。

译文

谗言和毁谤，就好像一片乌云遮住阳光，不久之后就会消失而光明重现；谄媚和奉承，就好像门缝里吹进的邪风侵害肌肤，不知不觉间使人遭受伤害。

点评

俗话说，谣言止于智者。流言蜚语纵然可以诋毁得了一时，然而谎言终究是谎言。等到水落石出的那一天，小人丑陋的嘴脸便会暴露。而遭受了委屈的君子，更显示出品格的高贵。人们常说，温柔乡是英雄冢。对待甜言蜜语，人一定要提高警惕。所谓良药苦口，忠言逆耳。小人的阿谀奉承，往往毁人于无形之中。

196 行不高绝 心不褊急

山之高峻处无木，而溪谷回环则草木丛生；水之湍急处无鱼，而渊潭渟蓄[1]则鱼鳖聚集。此高绝之行，褊急之衷[2]，君子重在戒焉。

①渊潭：深潭。渟（tíng）蓄：水平静不流动。②褊（biǎn）急之衷：狭隘到极端的心理。

译文

高耸陡峭的山顶不生草木，而弯曲的溪谷间却树繁叶茂；湍急的水流中不见鱼虾，而静水深潭中却鱼类众多。那些清高傲慢的行为、偏激狭隘的心态，君子一定要引以为戒。

点评

中国的传统文化始终主张中庸之道。《中庸》说："致中和，天地位焉，万物育焉。"天地万物之所以欣欣向荣，正是因为它们在千差万别中保持着高度的平衡。因此，无论做人做事，都不应该走极端。所谓"物极必反"，曲高和寡，君子对此一定要充满戒心。在处理纷繁的世事人情时，要学会掌握分寸，把握平衡。

197 圆融成大业 固执失良机

建功立业者，多虚融之士；偾事[1]失机者，必执拗之人。

①偾（fèn）事：做事失败。偾：败亡。

译文

能够成就一番功业的人，大多谦虚圆融；事业失败错失良机的人，必定固执任性。

点评

中国人自古以和为贵，做人讲究和善，做事主张圆融。遇到问题的时候，不应该死守教条,而是根据实际情况做出变通。所谓买卖不在人情在,即使达不成合作,也不要伤了和气,未来也许还有合作的机会。成语中有“守株待兔”“刻舟求剑”“不撞南墙不回头”等典故,批评的正是那些不知变通的愚蠢行为。

198 不宜与俗同 不宜与俗异

处世不宜与俗同,亦不宜与俗异;作事不宜令人厌,亦不宜令人喜。

译文

与人相处不应同流合污,也不应标新立异;处理事情不应令人生厌,也不应刻意讨好。

点评

佛法讲“缘起性空”,在人生态度上,提出“不二法门”,主张随缘任运,不落两端。那么,什么叫随缘任运,又如何不落两端?从作者的角度看,随缘任运不是同流合污,也不是离群索居;不是曲意逢迎,也不是孤高自负。现实生活中,人要保持对红尘俗世的责任、热爱,不过分沉迷于功名利禄而无法自拔。可见,运用之妙,存乎一心。也只有在充分的实践历练中,人才能学会掌握分寸,把握平衡。

199 日暮霞满 岁晚橘香

日既暮,而独烟霞绚烂;岁将晚,而有橙桔芳馨。故末路晚年,君子更宜精神百倍。

译文

太阳落山时,唯有晚霞绚烂美丽;年岁将晚时,桔子成熟散发芬芳。所以,面对穷困偃蹇或是英雄迟暮,君子更要振作精神奋发有为。

点评

古人认为，人生有三件哀事：美人迟暮，英雄末路，江郎才尽。有道是“夕阳无限好，只是近黄昏”。人生到了暮年，韶华不复，老态龙钟，百病缠身，想来难免令人心悲。那么，比起自怨自艾，作者显然更主张一种积极的人生态度。曹操作诗说：“老骥伏枥，志在千里；烈士暮年，壮心不已。”老年人也要充满对生活、对事业的热情，以饱满的精神度过生命的每一天。

200 聪明不露 才华不逞

鹰立如睡，虎行似病，正是它取人噬人手段处。故君子要聪明不露，才华不逞，才有肩鸿任钜①的力量。

①肩鸿任钜：肩膀宽大，担负重任。钜：坚硬的钢铁。

译文

老鹰站立时眼睛半闭像在睡觉，老虎行走时缓慢无力仿佛生病，这正是它们猎取食物的手段。所以，君子的智慧要深藏不露，才华不用来哗众取宠，才能肩负起重大的使命。

点评

俗话说，深水不响，响水不深。浅水喧哗，静水深流。有真才实学的人，往往深藏不露，大智若愚。这在动物界也是一样。苍鹰看似昏睡，实则警醒无比；猛虎看似慵懒，实则蓄势待发。这是它们的生存手段，也是它们的高明之处。《史记》中说：“良贾深藏若虚，君子盛德，容貌若愚。”有实力的商人，看似一无所有；有盛德的君子，大多貌不惊人。在人情险恶的社会，人要具有懂得收敛的智慧。

201 俭过则悭 让过则伪

俭，美德也，过则为悭吝，为鄙啬，反伤雅道；让，懿行也，过则为足恭，为曲谨，多出机心。

译文

节俭是美德，过了度就变得吝啬、刻薄，反而伤害了做人的气度风雅；谦让是美德，过了度就变得拘谨、卑屈，平添一丝巧诈和虚伪。

点评

人们常说“过犹不及”，真理向前走过一步就是谬误。因此，儒家崇尚中庸之道，凡事主张中和节度，道理正在这里。节俭是中华民族的传统美德，然而节俭过了度，连生活必需的物资也不愿花费，就会有吝啬之嫌，甚至变成守财奴，丧失了做人应有的气度。谦让也是中华民族的传统美德，而谦让过了度，事事后退的人，要么懦弱可欺，要么居心叵测。

202 喜忧安危　勿介于心

毋忧拂意，毋喜快心，毋恃久安，毋惮初难。

译文

不要为不顺心的事情而担忧发愁，不要为短暂的快乐而高兴发狂，不要沉溺于长久的安逸，不要害怕做事情一开始遇到的艰难。

点评

禅语讲，平常心即道。面对世事的纷繁复杂，佛教主张以不执着的态度心平气和地面对。大悲大喜，大起大落，都不是佛教所肯定的人生态度。在佛教看来，一个人，如果能持守平和中正的心境，“不以物喜，不以己悲”，那么自然能够从心性上抵抗外界的干扰，在纷杂的乱象当中，冷静处世，不被蒙蔽。因此，不要总是为那些不如意的事情忧心忡忡，也不要因为一时得志就喜悦发狂。不要因为生活安定就放纵挥霍，也不要因为时事艰难就向后退缩。

203　真士淡声华　贤臣轻名位

饮宴之乐多，不是个好人家；声华之习胜，不是个好士子；名位之念重，不是个好臣子。

译文

经常举办饭宴酒席，不是什么正派人家；汲汲于声名荣誉，不是真正的读书人；过于看重权力名位，不是好官吏。

点评

老子说："五色令人目盲，五音令人耳聋，五味令人口爽，驰骋畋猎令人心发狂，难得之货令人行妨。"沉迷于宴饮游乐、整天声色犬马的人，心思往往弛散而浊乱；这样的家庭，也很难培养出秀外慧中之人。诸葛亮说："非淡泊无以明志，非宁静无以致远。"无论是读书人还是为官者，整日将自己置身在五光十色的红尘之中，名欲熏心，唯利是图，最终就很难有大的作为。

204　乐心致苦　苦心得乐

世人以心肯[①]处为乐，却被乐心引在苦处；达士以心拂[②]处为乐，终为苦心换得乐来。

①心肯：心满意足。肯：满意。②心拂：即拂心，心中遭遇横逆事物。

译文

世俗之人以满足欲望为乐，却被追逐快乐的欲望引到痛苦中去；通达的人以磨砺心性为乐，最终因百折不挠而苦尽甘来。

点评

唐代诗人刘禹锡说："千淘万漉虽辛苦，吹尽狂沙始到金。"淘金的人要历经千辛万苦,淘尽了泥沙,才能看到闪亮的黄金。人的成功也往往从艰苦寂寞中来。历尽了千辛万苦,才能取得生命的真经。那些温室里的花朵,看似无忧无虑,悠闲自在。在一片安逸的坏境中,它们也不知不觉被销蚀了生命的根性,变得脆弱不堪。一旦遭到打击,它们很快就会坠入痛苦的深渊中,无力抗击。

205 盈满忌增 危急忌搦

居盈满者,如水之将溢未溢,切忌再加一滴;处危急者,如木之将折未折,切忌再加一搦①。

①搦(nuò):用力按压。

译文

功业圆满时,就好比水杯装了满水还没有溢出来,切勿再多增加一滴水;身处困境中,就好比树木枝条被折还没有完全断掉,切勿再多施加一点压力。

点评

《最后一根稻草》的寓言故事中,当骆驼的负重达到了极限,最后一根轻轻的稻草,就足以把它压垮。生活中,有压断树枝的最后一片雪花,有引发决堤的最后一滴水。所以,一个有智慧的君子,待人处事一定要认清形势,做出真正利人利己的行为。对待那些成功者,他们不乏鲜花和掌声,继续一味地赞扬无异于捧杀。对待那些身处危机的人,他们正在承受着巨大的压力,因此要给予他们真诚的帮助,而不是落井下石、趁火打劫。

206 遇事冷静 万事清明

冷眼观人,冷耳听语;冷情当感,冷心思理。

译文

用冷静的眼光观察他人，用冷静的耳朵听人说话，用冷静的情感处理事情，用冷静的心境思考问题。

点评

在中国的传统文化思想中，宁静中正的心境，既是修身养性的最高境界，更是获得智慧的方法路径。《道德经》说："躁胜寒，静胜热，清静为天下正。"诸葛亮《诫子书》："夫君子之行，静以修身，俭以养德。非淡泊无以明志，非宁静无以致远。"北宋理学家程颢说："万物静观皆自得。"世路艰险，江湖难测，唯有保持清醒与冷静，才能在纷繁的世事当中处变不惊，把握主动。

207　心宽福厚长　念迫禄薄短

仁人心地宽舒，便福厚而庆长[①]，事事成个宽舒气象；鄙夫念头迫促，便禄薄而泽短，事事得个迫促规模。

①福厚而庆长：福报深厚且恩泽绵长。《易经·文言》："积善之家，必有余庆。"

译文

仁慈的人心地宽厚，他们福报深厚、恩泽绵长，事事都能够宽宏大度；卑劣的人心胸狭隘，他们福报浅薄、目光短浅，事事都显得狭隘鄙陋。

点评

常言道，傻人有傻福。电影《阿甘正传》中，主人公傻子阿甘，一生憨厚善良，生活充满了幸运与幸福。中国古典名著《红楼梦》中，王熙凤"机关算尽太聪明，反误了卿卿性命"。佛教讲，智慧不生烦恼，慈悲没有敌人。一个心地宽厚的人，生活处处充满了爱心和温暖。相反，一个自以为很聪明，到处耍心眼、玩手段，遇事只讲利害而不讲道义的人，往往"聪明反被聪明误"，即使能获取一时的成功，终究不会有好下场。

208　闻恶不可即就　闻善不可即亲

闻恶不可就恶，恐为谗夫泄怒；闻善不可即亲，恐引奸人进身。

译文

听到某人犯了过错不可立刻表示厌恶，谨防有人用谗言来泄恨；听到某人做了好事不可立刻就去亲近，谨防小人用奸计趁机谋利。

点评

兼听则明，偏听则暗。处理任何事情都不能任凭一时冲动，而是应该冷静下来，仔细看清对方的真实面目。《西游记》中的那些妖魔鬼怪，往往借着一副善人皮囊来引诱人们上当受骗。生活中也不乏那些利用人们善心的恶人恶行。所以，当道听途说别人的是是非非的时候，无论是褒扬还是贬抑，都不要盲目相信。只有自己经过冷静地观察、思索，才能认清事实。

209　性躁事无成　心和百福集

性躁心粗者，一事无成；心和气平者，百福自集。

译文

粗心急躁的人，做什么事都不易成功；心平气和的人，各种福分自然会到来。

点评

谚语说："心急吃不了热豆腐。"刚出炉的豆腐热气腾腾，香气四溢。急急忙忙地去品尝，就很容易烫伤嘴巴，难享美味。做任何事情也是一样。性格急躁的人，急于求成便很容易粗心大意，从而酿成大错。所谓慢工出细活，无论读书还是做事，都需要专心致志，只有耐得住性子，才能做得出精品。《大学》说："定而后能静，静而后能安，安而后能虑，虑而后能得。"一个人唯有静得下来，在沉静的心境中思索问题，才能真正获得启发。

210 用人不宜刻 交友不宜滥

用人不宜刻,刻则思效者去;交友不宜滥[1],滥则贡谀[2]者来。

①交友不宜滥:交友不应过多。《论语·季氏》:"益者三友,损者三友。友直,友谅,友多闻,益矣;友便辟,友善柔,友便佞,损矣。"②贡谀:说好听话以逢迎讨好。

译文

用人不应刻薄,否则原本想为你效力的人,最终会离你而去;交友不应过多,否则逢迎谄媚的小人,就会来到你身边。

点评

谚语说:"良言一句三冬暖,恶语伤人六月寒。"待人刻薄,冷言冷语,往往拒人千里之外。最后就会"得道者多助,失道者寡助",成为孤家寡人,做任何事情都势单力薄,难有成就。交朋友贵在真心,不在多寡。古人说:"君子之交,其淡如水。"君子之间的交往,出乎真心,淡泊名利,因此大多疏淡。小人之间则一大堆的狐朋狗友聚集在一起,热闹非凡,然而相互利用者多,出乎真心者少。

211 立地脚定 着得眼高

风斜雨急处,要立得脚定;花浓柳艳处,要着得眼高;路危径险处,要回得头早。

译文

面对生活中的狂风暴雨,一定要意念坚定站得稳;面对生活中的灯红酒绿,一定要情致高远眼界高;面对生活中的危机诱惑,一定要头脑清醒及时回头。

点评

面对人生的风雨,一定要把握立场,坚定信念,"不管风吹浪打,胜似闲庭信步”,“敌军围困万千重,我自岿然不动”。面对灯红酒绿的生活,要目光高远,有一点柳下惠坐怀不乱的风范,方不为美色妖言诱惑。人生路充满了种种考验,紧要处往往只有几步。当事情发展到危机的时刻,要敢于急流勇退,以免深陷污淖之中不能自拔。要知道,辉煌的人生永远属于那些心志高远、信念坚定、把握自己的人。

212 和衷不启忿 谦德无嫉妒

节义之人,济[①]以和衷[②],才不启忿争之路;功名之士,承以谦德,方不开嫉妒之门。

①济:增补、调节。②和衷:温和的心胸。

译文

保持操守充满正义的人,要有温和宽厚的胸量,才不会和人产生怨怼争执;取得功业声名显赫的人,要有谦虚恭谨的美德,才不会使人心生嫉妒。

点评

侠肝义胆的人,雄姿英发,性情倾于刚烈,容易和别人意气相争,引发冲突。为人刚强侠义,是他们的优长,而偏激行事也是短处。为了取长补短,就要时时提醒自己要有温和平缓的胸怀,以矫正缓和偏激的性情。俗话说木秀于林,风必摧之;行高于人,众必非之。身处高位的人,要懂得收敛自己的言行。如果恃才傲物、骄傲自大,只会把自己推向众人的对立面,招致众人的嫉妒和诋毁。

213 居官杜邪端 居乡敦旧好

士大夫居官不可竿牍[①]无节,要使人难见,以杜邪端;居乡不可崖岸太高[②],要使人易见,以敦旧好。

①竿牍:竿,简。竿牍即书信。②崖岸太高:比喻性情高傲。

译文

士大夫在做官的时候，和人交往不可没有节制，对人要有所选择，以防钻营奔走的人；辞官归隐的时候，和人相处不可孤傲清高，要平易近人，使邻里关系和睦敦亲。

点评

身居要职和赋闲退休，是两种不同的人生境遇。在任时要和各种各样的人打交道，常常门庭若市、往来不绝。这时候，对待前来拜访求情的人，一定要态度严肃恭谨，既不失为人的礼节，也不失做事的原则，谨防坠入名利的陷阱。退休之后，“不在其官，不谋其政”。没有了身居要职时的光鲜亮丽，前来拜访求情的人自然变少。面对家乡父老乡亲，要态度温和，与群众打成一片。如果一副高高在上的面孔，自认为高人一等，就很难融入集体当中，享受世情人心的温暖。

214 无论贤愚 心存敬畏

大人[①]不可不畏，畏大人则无放逸之心；小民亦不可不畏，畏小民则无豪横之名。

①大人：指有道德声望的人。《论语·季氏》：“君子有三畏：畏天命，畏大人，畏圣人之言。”

译文

对有贤德的人不能不敬畏，敬畏贤人就没有放纵安逸的心念；对平民百姓不可不敬畏，敬畏百姓就没有横行霸道的恶名。

点评

孔子说：“君子有三畏，畏天命，畏大人，畏圣人之言。”对于浩瀚宇宙乃至天地自然，人要心存敬畏。要看得到天地宇宙的寥廓和人类的渺小，敬畏自然，尊重规律。对于历史上那些英雄祖业，人也要心存敬畏。要学习那些历史伟人的道德品行,以身作则,继往开来。对于先贤遗言,人更要心存敬畏。要尊重知识,并将其发扬光大。一个人有所敬畏,面对天地人事,能看到自身的局限,就不会轻浮无知、恣意放肆。小人"无知者无畏",以一副妄自尊大的丑态自居,令人不齿。

215 逆境化怨尤 荒怠图振奋

事稍横逆,便思不如我的人,则怨尤自清;心稍怠荒,便思胜我的人,则精神自奋。

译文

事情进展不顺利的时候,想一想那些不如我的人,就不会自怨自艾;心思稍有懈怠的时候,想一想那些比我强的人,就会振作起精神。

点评

人生没有一帆风顺,前进之路难免跌跌撞撞。一遇到困难就怨天尤人的人,只会在抱怨声中消磨战胜困难的勇气和心志。这时候,不妨想一想那些境况不如自己的人,对比之中看一看自身的优点和长处,学会珍惜自己当下所拥有的东西,心中就会重燃希望之火,重生奋斗之志。人在成功的时候最易堕落。当人生稍有成就的时候,要切忌志得意满,看一看那些比自己优秀的人,就会明白自己依然有很大的提升空间。

216 不可乘喜轻诺 不可因倦鲜终

不可乘喜而轻诺,不可因醉而生嗔,不可乘快而多事,不可因倦而鲜终。

译文

不要因高兴而轻易许下诺言,不要因醉酒而乱发脾气,不要因冲动而惹是生非,不要因懈怠而有始无终。

点评

生活中，有些人喜欢被奉承，言而无忌，一时高兴就会轻易地许人诺言，事后又很难兑现，渐渐便失去朋友的信任，为人不齿。有些人借醉酒发酒疯，装疯卖傻，放纵言行，令人生厌。有些人意气用事，不论是非，结果因冲动而酿出大祸。有些人做事情虎头蛇尾，轻言放弃。这些行为都是众人经常出现的错误，应该引以为戒。

217 不落筌蹄 不泥迹象

善读书者，要读到手舞足蹈处，方不落筌蹄[①]；善观物者，要观到心融神洽[②]时，方不泥迹象。

①筌蹄：局限、窠臼。筌为捕鱼的竹器，蹄是拦兔的器具。《庄子·外物》：“筌者所以在鱼，得鱼而忘筌；蹄者所以在兔，得兔而忘蹄。”②心融神洽：人的精神与物体合二为一，心领神会而至忘我境界。

译文

善于读书的人，一定要读到手舞足蹈的境界，才能看破语言文字背后的深意；善于观察事物的人，一定要把全部心神融入其中去观察，才能透过现象看到事物的本质。

点评

古人论读书，重在心领神会；古人谈观物，意在物我相融。孟子说：“尽信书，则不如无书。”读书重在从文字当中体会作者的深意，活学活用，而不是被语言文字拴住，成了食古不化的书呆子。观察事物，欣赏自然，意在心物一体，物我两忘。陶渊明说：“采菊东篱下，悠然见南山。”当人的心神与自然环境高度契合，融自我于天地时，人的认知和境界就会有很大的突破。

218 莫以己长形人短 勿因己富欺人贫

天贤一人以诲众人之愚，而世反逞所长以形[①]人之短；天富一人以济众人之困，而世反挟所有以凌人之贫。真天之戮民[②]哉！

①形：表露。②戮民：有罪之人。

译文

上天赋予一个人才华以引导众人，然而他却炫耀自己的长处来衬托别人的不足；上天赋予一个人财富以帮助众人，然而他却利用自己的富裕来欺凌贫穷的人。这样的人，就是上天的罪人！

点评

一个社会的良性发展，需要的是所有人协调互助，共同推动。人们常说能者多劳，那些天资聪明、禀赋异常的人，利用自己的聪明才智创造幸福生活的同时，也要担负起上天所赋予的责任，用自己的聪明才智为社会作贡献，为人民谋幸福。如果只是贪图自己的享乐，不管他人死活，或者倚仗自己的才智在资质平庸的人前炫耀显摆，那就是"夺天功为己功"，最终必定在众人的唾弃中暗淡收场。

219 中才之人 难以成事

至人何思何虑，愚人不识不知，可与论学，亦可与建功。唯中才之人，多一番思虑知识，便多一番臆度猜疑，事事难于下手。

译文

智慧的人什么都知道所以内心敞亮，愚笨的人什么都不知道所以内心纯洁，这样的人可以一起讨论学问，也可以一起建功立业。只有那些资质平平但略有才干的人，思虑越多，猜疑也越多，做事情顾虑重重、难以完成。

点评

孔子说："唯上知与下愚不移。"生活中，那些绝顶聪明、拥有大智慧的人，凡事看得破，认得真，心性坚定不移，不为外物干扰。那些愚笨憨厚而有自知之明的人，内心单纯，心性纯洁，因此较少杂染。所以说，唯有这样的人，心性纯洁而又坚定。可悲可恨的是那些在中间摇摆不定的人，他们智慧不高却心眼儿不少，在追名逐利中费尽心思，机关算尽，最后"聪明反被聪明误"，难以真正有所成就。

220 守口应密 防意须严

口乃心之门，守口不密，泄尽真机；意乃心之足，防意不严，走尽邪路。

译文

嘴巴是心灵的门户，如果守口不严，就会泄露秘密；意念是心灵的双脚，如果意念邪乱，就会走上歧途。

点评

人一定要对自己的行为担负起责任。俗话说，病从口入，祸从口出。贪图一时的口爽，可能会引发身体的疾病；一时的言语不慎，可能会造成终身的遗憾。所以，一个人的口齿，不仅不能胡吃海喝，也不能胡言乱语。除了对自己的口齿严加看管，人也要对自己的心志严加防范。意志不坚是创业的大敌，情欲如同野马，放纵必然伤人。

221 宽厚则情平 责己则德进

责人者，原无过于有过之中，则情平；责己者，求有过于无过之内，则德进。

译文

责备他人时，对他人的过失加以原谅，就能心平气和；责备自己时，即使没有错误也要严格要求，才能提升品德。

点评

常言说,人有两只眼睛,一只观察别人,一只观察自己。古人讲严于律己,宽以待人。又讲求静坐常思己过,闲谈莫论人非。对待自己一定要严格要求,要常常反省、检讨自己的不足之处,才能够不断地进步、提高。对待别人则应该宽厚包容,当别人有了过错要善意地提醒,而不是耿耿于怀、锱铢必较。出现了问题要多从自己身上找原因,而不是推脱给别人。

222　幼时不筑基　成年难成器

赤子者,人之胚胎;秀才者,宰相之基础。此时若火力不到,陶铸不纯,他日涉世立朝,终难成个令器[①]。

①令器:美好的器具,指优秀的人才。

译文

小儿是成人的雏形,秀才是做官的基础。如果在开始时不尽心培养、悉心教育,等到日后步入社会,就很难成为栋梁之才。

点评

十年树木,百年树人。教育不是一件容易的事。培养孩子也好,培养接班人也好,都要从起步阶段抓起,从最基础的地方下手,并付出长久的努力。放任不管当然难成大器,而培养的"火候"不到,最终效果也会大打折扣。

223　不忧难而惕游　不畏强而怜弱

君子处患难而不忧,当宴游而惕虑;遇权豪而不惧,对茕独[①]而惊心。

①茕独:孤苦伶仃的意思。没有兄弟叫茕,没有子孙为独。

译文

君子身处困境而不忧惧，宴饮游乐却内心警惕；遭遇豪强而无所畏惧，面对孤寡则心生同情。

点评

君子立身于世，面对人生的磨难，勇于面对，积极进取。当他享受悠闲的生活时，也深刻地懂得"生于忧患"的道理，不断砥砺心志，谨防昏沉堕落。君子"不以物喜，不以己悲"，秉持正义，锄强扶弱，不会表现出一副媚上欺下的小人嘴脸。遇到豪强，勇敢无畏，据理力争。遇到穷苦人家，则尽自己的力量来帮助他们。这，就是君子的品德和风骨。

224 浓夭不及淡久 早秀不如晚成

桃李虽艳，何如松苍柏翠之坚贞；梨杏虽甘，何如橙黄桔绿之馨冽？信乎！浓夭[①]不及淡久，早秀不如晚成也。

①浓夭：指美色早逝。

译文

桃树李树的花朵虽然娇艳，如何比得过苍松翠柏四季常青？梨树杏树的果实虽然甘甜，如何比得过黄橙绿桔芳香沁脾？是啊，易逝的美色不如持久的淡雅，少年得志不如大器晚成。

点评

中国的传统文化当中，"自古好物不坚牢"，稍纵即逝的绚烂，如何比得上长盛不衰的恒久？《论语》说："岁寒，然后知松柏之后凋也。"桃红柳绿虽然艳丽一时，却不及松柏之常青。等到百花凋零，风霜雨雪中，苍翠的松柏愈发显得旺盛顽强。桃杏的果实成熟早，味道甘美；成熟晚的橙桔果实，果味淡雅，却更耐久存。人生也大抵如此，有些人少年得志，有些人大器晚成。然而少年得志者，容易毁于骄狂；大器晚成者，百炼成钢，更能守成。

225　平静见真境　淡泊识本然

风恬浪静中，见人生之真境；味淡声希处，识心体之本然。

译文

在风平浪静的生活中，发现人生的真实境况；在粗茶淡饭的日常中，感悟内心的自然祥和。

点评

生活的大风大浪，可以考察人的智慧，磨练人的意志。而在一片宁静祥和当中，人才能够返璞归真，感受安宁与自在。唐人李涉作诗说："因过竹院逢僧话，偷得浮生半日闲。"追名逐利的红尘生活，难免令人劳心伤神，疲惫焦灼。偶尔路过寺院，在里面走一走，静一静，在一片悠然淡泊当中，或许能感悟到一种生命的真谛，那是心灵的恬静之美。

王颢霖

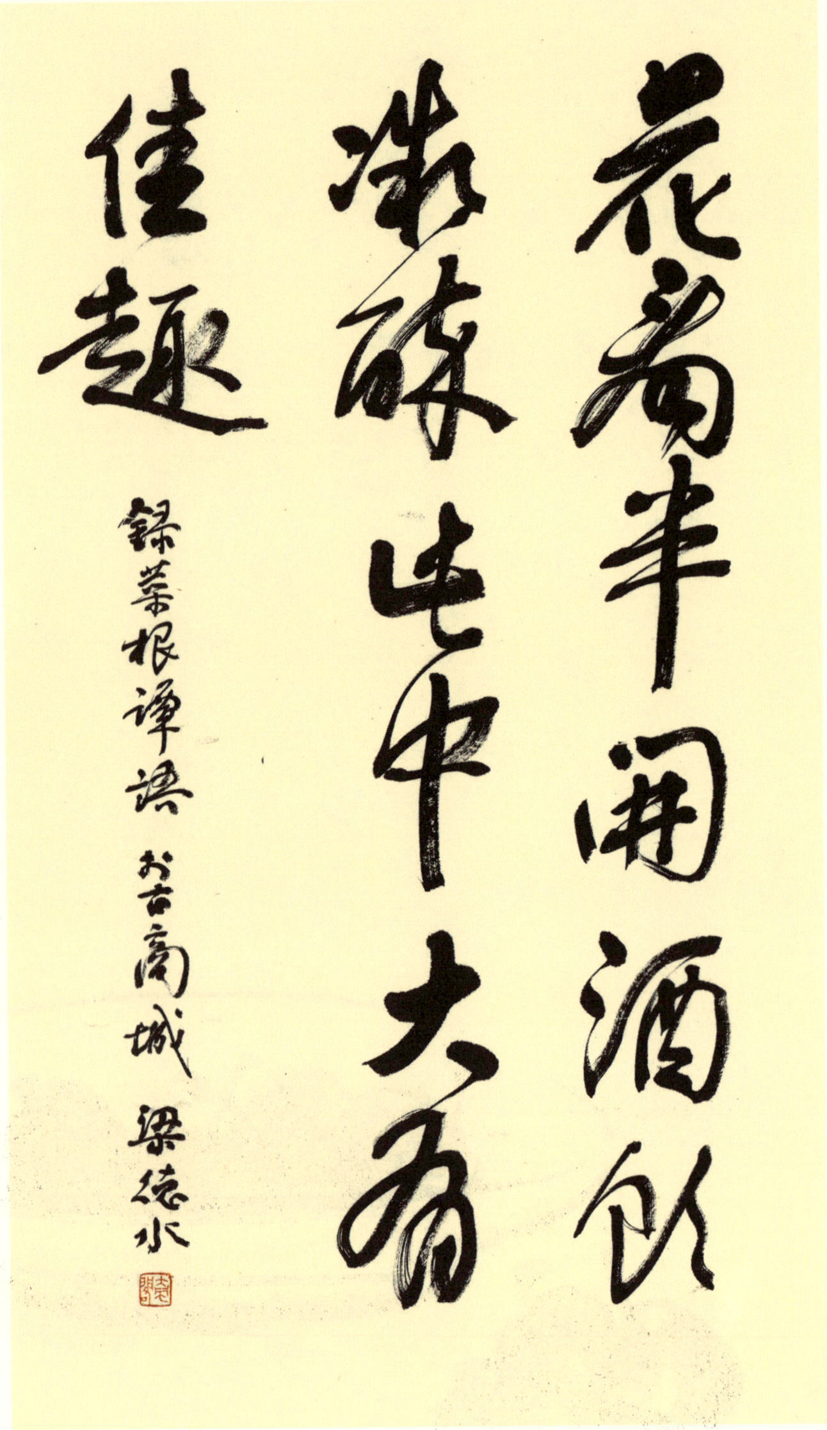
花看半开酒饮微醉此中大有佳趣
录菜根谭语
于古商城 梁德水

王颢霖

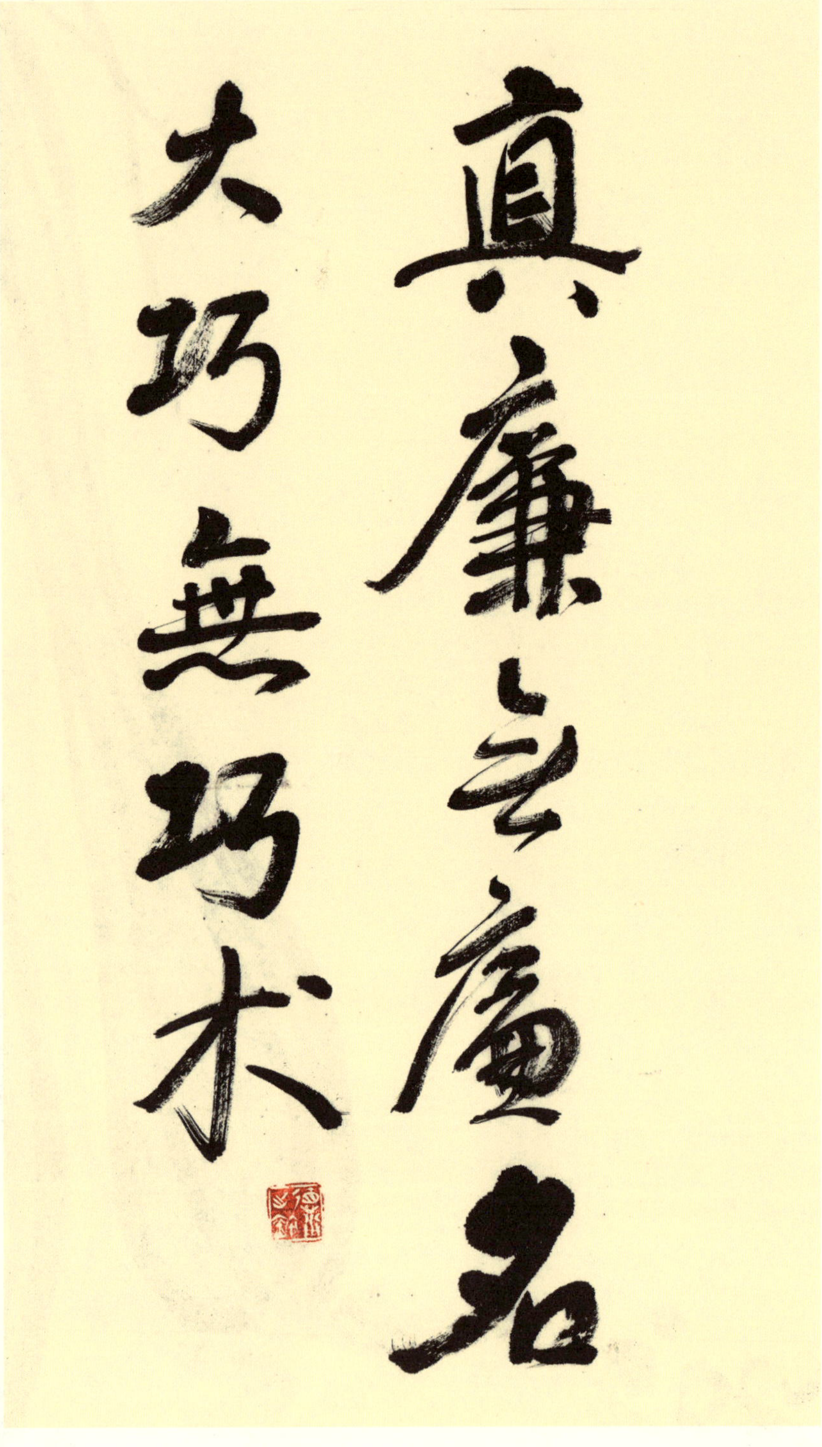
真廉無廉名
大巧無巧術

王颢霖

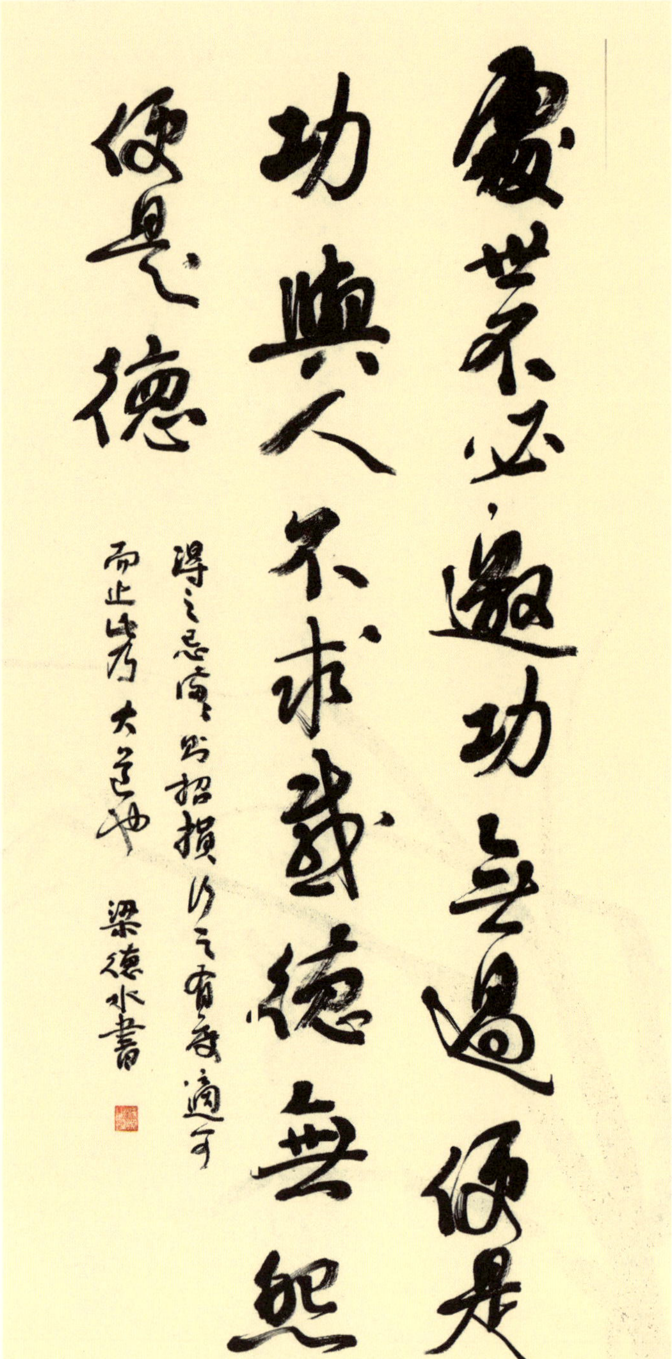
處世不必邀功無過便是
功與人不求感德無怨
便是德
梁德水書

王颢霖

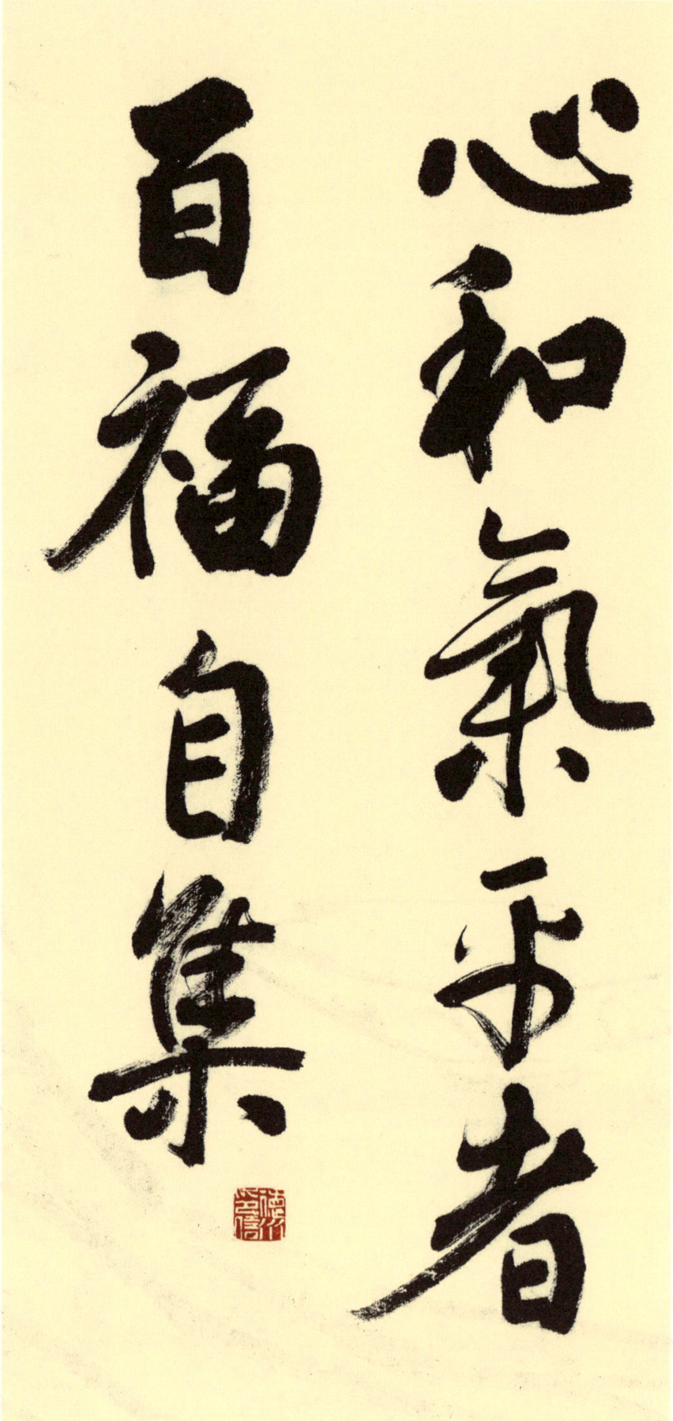
心和氣平者
百福自集

菜根谭后集

226　羡者未必知　厌者未必弃

羡山林之乐者，未必真得山林之趣；厌名利之谈者，未必尽忘名利之情。

译文

说向往山林的人，未必真正懂得山林生活的乐趣；说厌恶名利的人，未必完全忘记追名逐利的感情。

点评

人处于世，说是一回事，而做是另外一回事。很多人信誓旦旦地大谈理想抱负，而到了具体生活中却是利欲熏心、见钱眼开。所以，看待一个人，与其听他说得多么漂亮，不如看他实际做得到底怎样！

227　多事不如省事　多能不若无能

钓水，逸事也，尚持生杀之柄；奕棋，清戏也，且动战争之心。可见多事不如省事之为适，多能不若无能之全真。

译文

钓鱼本是件悠闲的活动，而钓者却掌握着鱼的生杀大权；下棋本是件清雅的娱乐，而棋手却充斥着争强好胜的心理。可见多事不如少事那样恬适自在，多才不如无才那样保全真性。

点评

中国的传统文化中，佛家讲求慈悲，道家追求无为。以此来看，虽然钓鱼和下棋都是一种娱乐休闲活动，其中却隐藏着杀机和争斗，不但使人造下杀业，而且又刺激了争强斗胜的机心。这样的行为和心理，并不利于培养一个人宽厚善良的品格。

228　浓艳为幻境　淡枯见真吾

莺花茂而山浓谷艳，总是乾坤之幻境；水木落而石瘦崖枯，才见天地之真吾[①]。

①真吾：我的本来面目。朱熹《四时读书乐》："木落水尽千崖枯，迥然我亦见真吾。"

译文

鸟语花香草木繁茂，山谷中一片艳丽风光，而这些不过是天地间的幻境而已；溪流干涸草木凋零，山崖上一片枯瘦光景，而这时才能看到天地自然的真实面目。

点评

佛家在变幻无穷的宇宙自然当中，感悟出"缘起性空"的道理。春暖花开时，莺飞草长的山林中，充满着一片欣欣向荣的气象。而当寒冬来临，树叶凋零，鸟兽潜藏，山林里霎时间变得萧瑟冷落。到底哪个是山林的本来面目呢？明代小说《三国演义》写道："是非成败转头空。青山依旧在，几度夕阳红。"纵览社会历史的画卷，功名富贵宛如过眼云烟，转眼成空。与其在是是非非的漩涡中争夺，不如回归内心的真实与清净。用一颗纯净空明的心，感受天地人世的真与善。

229　忙者自促　卑者自隘

岁月本长，而忙者自促；天地本宽，而卑者自隘；风花雪月本闲，而劳攘[①]者自冗。

①劳攘：劳指形体的劳碌，攘指精神的困扰。

译文

日子原本长久，可是忙碌的人却让自己过得匆匆忙忙；天地原本辽阔，可是卑劣的人却让自己变得心胸狭窄；大自然的风光原本悠闲，可是奔波的人却耽于俗务、疲惫劳碌。

点评

失眠的人，长夜漫漫；疲惫的人，路途遥遥；愚痴的人，生死轮回，无休无尽。佛家讲，日月光华，而目盲者不见。天地对待万物，博大且又公正。人生路纷繁多样，心性不同，境况也随之迥异。人生有岁月静好，也有雨疏风骤。是欣赏春花秋月，还是为落花忧心，不同的心性决定了不同的人生际遇。

230 得趣不在多 会景不在远

得趣不在多，盆池拳石间，烟霞俱足；会景不在远，蓬窗竹屋下，风月自赊。

译文

感受情趣不在于景致的多少，水池假山中，也充满了云蒸霞蔚的自然情致；欣赏风景不必到远处寻求，茅檐草庐前，也可以享受清风明月的自然风光。

点评

人生处处皆风景，一草一木总关情。生活中的美好与情趣，不在于物质的多寡、财富的高低、气象的大小，而在于心领神会、自在悠游。佛家讲，一花一世界，一叶一菩提。心中有佛，则触目菩提。精神的富有不取决于物质的享乐，高雅的情调也不取决于财富的多少。一颗自由高贵的心灵，自有一段云水的真趣。

231 唤醒梦中梦 窥见身外身

听静夜之钟声，唤醒梦中之梦；观澄潭之月影，窥见身外之身。

译文

聆听静夜里传来的钟声,顿悟人生如梦,一切更是梦中幻影。静观潭水中的月影,窥见了一颗超越肉身的真实灵魂。

点评

《金刚经》讲:“一切有为法,如梦幻泡影。”佛家看待世间万物,皆变化无常,如梦如幻。在万籁俱寂中闻夜半钟声,在一片澄明中观镜花水月,更能体会宇宙人世皆如梦幻一般缥缈、清虚与幽深。静寂澄明的天地,因为心智的浮现,才拥有了生命的灵动。所以,佛家用“万古长空,一朝风月”来点出身外之身里生命的玄机。

232 天机清澈 触物会心

鸟语虫声,总是传心之诀;花英草色,无非见道之文。学者要天机清澈,胸次玲珑,触物皆有会心处。

译文

鸟语虫鸣的音声,皆是传达心声的要诀;花红柳绿的风景,皆是彰显大道的妙文。读书人一定要内心纯洁清澈,胸中光明磊落,这样接触万事万物才能领略其中的真谛。

点评

佛教《楞严经》讲:“净极光通达,寂照含虚空。”当一个人内心清澈干净到了极点,那么智慧之光便能通达心灵深处。这颗清净的心体,如同纯净的镜面,映射宇宙虚空。所以,纯净的心性是学者悟道的根本。心中有佛,则青青翠竹尽是法身,郁郁黄花无非般若。

233 读无字书 弹无弦琴

人解读有字书,不解读无字书;知弹有弦琴,不知弹无弦琴。以迹用,不以神用,何以得琴书之趣?

译文

人们都知道解读有字书,却不知道解读无字书;知道弹奏有弦琴,却不知道弹奏无弦琴。如果只在事物表面上用功,而不去领会内在的神韵,如何能够真正懂得阅读和弹琴的乐趣呢?

点评

人生的智慧和情趣,在于用心领悟,而非生搬硬套。人一旦拘泥于形式的束缚,也就丧失了内心的灵动和真趣。所以,弹琴实乃弹情,知音贵在知心。如果不能理解生活这部无字的真经,又如何能把握书中文字的真意?宋代欧阳修说:"醉翁之意不在酒,在乎山水之间也。"由此来看,琴书之趣,又怎在于琴书之间呢?

234 心无物欲　坐有琴书

心无物欲,即是秋空霁海;坐有琴书,便成石室丹丘①。

①石室丹丘:指神仙居所。

译文

内心没有物欲杂念,就如秋空碧海一样高远广袤;闲坐时有琴书相伴,就如置身于阆苑仙境一般逍遥自在。

点评

孟子说:"养心莫善于寡欲。"诸葛亮《诫子书》说:"静以修身,俭以养德。"一个人的贪欲,最能蒙蔽本心本性。所以,适当地收敛横流的物欲,控制心中喧嚣的杂念,使自己的内心犹如秋日碧空般澄明、高远,才能享受心灵的平静与悠然。生活中,比起整日沉湎酒色,不若与琴书相伴,享受清幽的气息与闲适。

235 乐极生悲 适可而止

宾朋云集,剧饮淋漓乐矣,俄而漏尽烛残,香销①茶冷,不觉反成呕咽,令人索然无味。天下事率类此,奈何不早回头也。

①香销:古时宴会用鼎置檀香木燃烧,使满室生香。香销即指檀木香已经被烧尽。

译文

宾客朋友欢聚一堂,痛快畅饮充满欢乐;转眼间,灯火燃尽,香烟散去,人走茶凉,不知不觉中心生厌恶,充满落寞。天下事大多如此,为何不在繁华之时及早有所觉悟呢?

点评

汉武帝曾说:"欢乐极兮哀情多。"物极必反、乐极生悲是人生的常态。盛极一时的热闹场景,转瞬即逝后难免孤单。门庭若市的辉煌之后,也会门可罗雀、野草满庭,足见世事无常。俗话说,狂欢是一群人的孤单。欢歌舞场之上,总是逢场作戏者多。等到繁华落尽、情随事迁,留下的唯有寂寞与叹息。

236 会得个中趣 破得眼前机

会得个中趣,五湖之烟景尽入寸里①;破得眼前机,千古之英雄尽归掌握。

①寸里:心里。

译文

如果能领会其中的乐趣,那么不论三江还是五湖都能领略它们的风光;如果能看破其中的道理,那么不论哪朝哪代的英雄都能读懂和理解他们。

点评

人间不论何事，用心体会，日月山河无不与心灵息息相通；人间不论何理，若能看破其中玄机，古今豪杰皆能任我效法、为我所用。宋代辛弃疾的《南乡子·登京口北固亭有怀》曰：“千古兴亡多少事，悠悠，不尽长江滚滚流。”人处天地之中，要用心灵感受河山的壮美，用智慧看破人性的机理。

237　非上上智　无了了心

山河大地已属微尘，而况尘中之尘；血肉身躯且归泡影，而况影外之影。非上上智[1]，无了了心[2]。

①上上智：最高智慧。②了了心：彻底明白、了悟的心念。

译文

山河大地原本就渺如尘埃，更何况生活在其中的人类；血肉之躯原本就生死无常，更何况那些世间的功名利禄。若没有一等一的智慧，就不可能真正彻悟和解脱。

点评

佛观大千世界，渺如一粒尘埃。佛观肉身凡夫，幻若镜花水月。星河浩渺，江山如故，那些创下赫赫功绩的英雄豪杰们，如今哪里去了？那些欢笑、眼泪、叹息、哀愁，是否永远在生活中驻足、停留？面对无垠的时空，人类如此渺小，如尘中尘、影中影，繁华不过一捧细沙。如果没有深刻的智慧，如何能够彻悟这般道理？

238　争长竞短　徒耗光阴

石火光中，争长竞短，光阴究有几何；蜗牛角上[1]，较雌论雄，世界究有许大。

①蜗牛角上:比喻极小的地方。《庄子·则阳》:“有国于蜗之左角者,曰触氏;有国于蜗之右角者,曰蛮氏。时相与争地而战。”后人将为细碎小利的争夺称作蜗角之争。

译文

人的一生像火石发出的光一样短暂,你争过来我抢过去,有限的光阴到底还剩下了多少?争名逐利就像在蜗牛角上摆开了战场,殊死相斗一决高下,争得了全部地盘到底能有多大?

点评

曹操曾作诗道:“对酒当歌,人生几何?譬如朝露,去日苦多。”人生苦短,如朝露,如石火,如电光。所以,万不可把大好的时光浪费,将珍贵的生命虚度。要在有限的生命里,充分利用精力做一些有意义、有价值的事情。

239 身槁心死 堕入顽空

寒灯无焰,敝裘无温,总是播弄①光景;身如槁木,心似死灰,不免堕在顽空②。

①播弄:颠倒翻弄。②顽空:佛教词汇,和“真空”相对。“空”在佛教中既表示宇宙真相,也表示内心没有妄想烦恼的自在境界,称“真空”。顽空则表示内心虽然没有了妄想烦恼,却也失去了善念善心的状态。

译文

灯火灭尽没有光焰,衣服破烂难以保暖,一个人修行到了这般地步,仍不免被造化所玩弄;身体如同干枯的木头,心灵好比燃尽的死灰,一个人如果修行到了这般地步,就堕入了僵死的空虚之中。

点评

贫寒的人生绝非修道的温床,枯寂的灵魂也不是悟道的主人。佛家讲,色即是空,空即是色。空不是一无所有。衣衫褴褛、食不果腹的生活中,身为境困,心亦如处囚牢。求道之心若如枯木、如寒岩、如死灰,则冰冷坚硬,生机全无。所以,修道之人一定要谨防堕入迷执之中,避免极端地追求空无与冰冷。要用一颗活泼自由的心灵,感受世间的温暖,珍惜人间的美好。

240 当下即休 当下便了

人肯当下休,便当下了。若要寻个歇处,则婚嫁虽完,事亦不少;僧道虽好,心亦不了。前人云:"如今休去便休去,若觅了时无了时。"见之卓矣!

译文

人如果能当下放下,那就当下了断。如果老想着找一个彻底休歇的时候,那就像世俗之人婚姻大事虽然解决了,接踵而来的各种杂事却一个也不少。和尚道士表面看起来清闲,心中的事情也是没完没了。古人说:"如果现在能放下就立即放下,若要等万事了却再放下就永远也等不到。"真是真知灼见啊!

点评

所谓当断不断,反受其乱。无论做什么事情,当下定决心要结束的时候,必须当机立断,快刀斩乱麻。不要给自己找一堆的借口,等待各种机缘条件,最后却是"今日复明日,明日何其多!"俗话说,择日不如撞日。什么是最好的时机?当下便是。所以,一定要把握好当下,该了则了。凡事无止尽地纠缠其中,烦恼也会源源不断紧随其后。

241 冷眼观热事 闲中滋味长

从冷视热,然后知热处之奔驰无益;从冗入闲,然后觉闲中之滋味最长。

译文

用冷静的目光看待世间浮华,才明白钻营奔走实在徒劳无益;从忙碌的生活回归闲雅恬淡,才明白宁静致远实在意味深长。

点评

人生种种，如果不进行深刻反省，又怎知其中滋味？名利场上，人们争先恐后，热闹非凡。反躬自省，冷眼旁观，才深知个中冷暖，而悠闲安逸的滋味最是悠长。所以，旷达之士追求灵魂的自由，总是要与喧嚣的红尘保持一些距离。正如陶渊明的诗写道："采菊东篱下，悠然见南山。"

242　富贵如浮云　诗酒聊自娱

有浮云富贵[1]之风，而不必岩栖穴处；无膏肓泉石[2]之癖，而常自醉酒耽诗。

①浮云富贵：把富贵视作浮云。《论语·述而》："不义而且富贵，于我如浮云。"②膏肓泉石：这里指爱好泉石成癖。成语有"病入膏肓"之说，形容无药可救。《旧唐书·田游岩传》："泉石膏肓，烟霞痼疾。"

译文

如果能把富贵视作浮云，那么无须到山林隐居也可以清修；如果不是特别迷恋自然山水，那么即使饮酒赋诗也充满乐趣。

点评

古人修养心性，往往择一处清幽之地，因此大多选择到深山幽谷中去。这里作者则认为，生活处处皆道场，问题的关键在于要断舍掉内心的贪欲。一个人如果视富贵如浮云，那么即使身处红尘，也无异于山林。如果内心对山水没有特别的热爱，那么在生活中品酒作诗，颐养性情，也别有一番风致。

243　不为法缠　不为空缚

竞逐听人，而不嫌尽醉；恬淡适已，而不夸独醒。此释氏所谓"不为法缠[1]，不为空缠，身心两自在"者。

①法缠:法,即佛教所说的“相”,指一切事物和道理。缠,束缚、困扰。

译文

别人争来夺去随他争,不需要因此就嫌弃对方;自己喜欢恬淡由自己,不需要因此就炫耀自夸。这就是佛教所说“既不要被纷扰的万象蒙蔽,也不要被空寂的精神困扰,才能够使身心悠然自得”的道理。

点评

为了清高而标榜清高,为了智慧而嘲笑别人,那么,清高便成了庸俗,智慧也沦为了愚蠢。人处于世,要内心恬淡而不寡淡,有所追求而不盲目地追逐。做人做事要遵守规矩,但不为规则禁锢;要品性淡泊,但绝不碌碌无为。

244 机闲一日长 意广斗室宽

延促由于一念,宽窄系之寸心。故机闲者一日遥于千古,意广者斗室宽若两间。

译文

时间的长短、空间的宽窄主要源自心理的感受。所以内心悠闲的人,即使是一天时间也比千年还要长;胸怀宽广的人,即使是一间房子也比天地还要大。

点评

佛家讲,万法由心造。欢情的人,一刻千金;悲苦的人,度日如年。酒逢知己千杯少,话不投机半句多。唐代杜甫作诗道:“感时花溅泪,恨别鸟惊心。”北宋词人辛弃疾有词曰:“我看青山多妩媚,料青山见我应如是。”可见,方寸之间,别有乾坤。忙里若能偷闲,一刻即千年;意境高远旷达,陋室也如宫殿。

245 损之又损 忘无可忘

损之又损,栽花种竹,尽交还乌有先生[①];忘无可忘,焚香煮茗,总不问白衣童子②。

①乌有先生：西汉司马相如《子虚赋》中虚构的人物，后以“子虚乌有”表示不存在的事物。②白衣童子：送酒的童子，即差使，出自陶渊明友人遣白衣童子送酒的典故。用在这里表示主人公进入了忘我之境，不为琐事打搅。

译文

将物资欲望降到最低，栽一些鲜花，种一些翠竹，把一切烦恼尽交给乌有先生；忘掉所有琐事纷扰，焚一缕香烟，煮一壶清茶，哪管他送酒的白衣童子是谁。

点评

道家讲：“为道日损。”体悟大道就要放下既有的成见，放下对功名利禄的贪恋。闲时种一些花草，燃一缕幽香，品一杯香茗，喝一点小酒，把一切的烦恼、牵挂都抛诸脑后。简简单单的生活，自有一番清淡闲远的滋味。

246 能知足常乐 善用因则生

都来眼前事，知足者仙境，不知足者凡境；总出世上因，善用者生机，不善用者杀机。

译文

眼前的事情纷纷扰扰，知足的人如在仙境般自由快乐，不知足的人如在尘世般充满痛苦；世间的一切总是事出有因，看得明白、善于处理的人充满生机，看不明白、不善于处理的人则处处碰壁。

点评

老子《道德经》说：“知足者常乐。”俗话说欲壑难填，人的欲望永远没有止境，唯有知足，才能真正地收获幸福。一个人不论拥有多少财富，假如他永远生活在争名夺利之中，奔波忙碌的情景其实跟穷人没有本质的不同。一个人任由欲望泛滥，便永远摆脱不了世俗的困境。

247　附势祸惨速　守逸味淡长

趋炎附势之祸，甚惨亦甚速；栖恬守逸之味，最淡亦最长。

译文

攀附权势的人，招致的灾祸往往悲惨又迅速；坚守恬淡生活的人，虽然平淡却趣味悠长。

点评

纵览中国古代历史，那些攀附权贵的奸佞小人，一时间飞黄腾达、作威作福。然而一旦他们失去依靠，转眼间就会家破人亡，甚至牵连全族，灾祸来得迅速而又悲惨。那些远离是非之地、坚守内心节操的人，也许他们生活过得清苦而又平淡，却可以避祸全身，安度晚年。

248　松涧携杖适意　竹窗高卧怡情

松涧边携杖独行，立处云生破衲；竹窗下枕书高卧，觉时月浸寒毡。

译文

在松树掩映的山涧边上，拄着拐杖独自漫步，涌起的云雾萦绕着我那破旧的僧袍；在凉爽宜人的竹窗之下，枕着书本酣然入梦，醒来时如水的月光照在我的毛毡上。

点评

唐代王维《终南别业》："行到水穷处，坐看云起时。"宋代苏轼《定风波》："竹杖芒鞋轻胜马，谁怕？一蓑烟雨任平生。"对于红尘中忙碌奔波的人来说，优哉游哉、闲云野鹤般的山林生活，自有一番难得的闲散之趣。在溪水边拄仗而行，任凭飘然而来的云雾包裹衣裳；在竹窗下卧榻休息，不知不觉月光洒满高床。这样的宁静和恬适，是那些汲汲于名利的世人很难享有的生活。

249　常忧死虑病　可消业增道

色欲火炽，而一念及病体，便兴似寒灰；名利饴甘，而一想到死时，便味如嚼蜡。故人常忧死虑病，亦可消幻业而长道心。

译文

情欲来临时如烈火般炽热，但只要一想到透支身体后的病躯，就会欲念顿消，心如寒灰；名利的诱惑好比糖果般甜蜜，但只要一想到人终将一死，就会觉得身外之物实在乏味。因此，经常想一想人生的病苦和死亡，既可以消除妄念业障，也可以增长道心。

点评

俗话说，色字头上一把刀。纵欲伤身，历史上因为荒淫贪色而早早丧命的王侯比比皆是。所以，孔子告诫世人："少之时血气未定，戒之在色。"人年富力壮的时候，精力旺盛。要多想一想纵欲伤身的后果，就会在男女之事上有所控制。功名利禄令人向往，求之不得就会懊恼痛苦。这时不妨想想身后之事，那些紫衣玉袍、珠宝珍奇，哪一样能带走？当死亡来临的时候，人又何必沉迷于那些身外之物！如此种种，的确值得深思。

250　争先路窄　退后路宽

争先的径路窄，退后一步，自宽平一步；浓艳的滋味短，清淡一分，自悠长一分。

译文

和别人相互争执抢道，就会觉得道路狭窄，退让一步，自然会觉得道路宽平；处于浓烈喧哗之中，内心躁动情绪起伏，宁静一些，自然会觉得悠然闲远。

点评

古人常说，退一步海阔天空，忍一时风平浪静。人生需要积极进取，力争上游，也需要有宽厚的胸怀、审时度势的洞见。人人争过独木桥的时候，往往最是危险。所以，面对困境，该进则进，当退则退。给人方便，实是给己方便。生活有苦辣酸甜，咸有咸的味，淡有淡的味。有些人喜欢浓艳华丽的生活，可知绚丽至极归于平淡！平平淡淡的生活，才是生活最本真的样子。

251　忙处不乱性　死时不动心

忙处不乱性，须闲处心神养得清；死时不动心，须生时事物看得破。

译文

若想忙碌时心性不乱，就必须在清闲时培养清醒的头脑；若想在临终时心无所惧，就必须在日常生活中觉悟人生真谛。

点评

一个人临危不乱的定力，是在点滴的日常生活中培养出来的。如果平日里心神弛散，遇事难免惊慌失措。悠闲的时候，不放松对心志的砥砺，时刻保持头脑的清醒与敏捷，一旦出现异常，也能很快从容应对。贪恋性命与红尘的人，最畏惧死亡。所以，人处于世，需要有一些修道之人的出世情怀。用一颗觉悟的心，直面生死，欢喜自在。

252　归隐无荣辱　得道泯炎凉

隐逸林中无荣辱，道义路上泯炎凉。

译文

隐居山林的人生，没有荣耀和屈辱；追求道义的路上，没有冷暖与炎凉。

点评

人生路没有坦途。若不是贪恋红尘的富贵与功名，人又怎么会在起起伏伏的境遇当中患得患失？若不是在名利的漩涡当中你争我夺，人又为何会感叹世态炎凉、人情薄冷？有一首对联写道："晨钟暮鼓，警醒世间名利客；经声佛号，唤回苦海迷路人。"滚滚红尘中，超越了物欲的泥流，自可忘怀得失；坚定求道的信仰，人是人非又奈我何？

253　身在清凉台　心居安乐窝

热不必除，而热恼须除，身常在清凉台上；穷不可遣，而穷愁要遣，心中常居安乐窝中。

译文

不一定要改变炎热的天气，但必须要消除心中的躁热烦恼，这样身体才能凉爽清静；不一定要改变物质的匮乏，但必须要排除心中的穷困愁苦，这样内心才能喜乐安宁。

点评

骄阳如火，比不及心头之火；穷途末路，又怎及万念俱灰。俗话说，哀莫大于心死。人生最悲哀的事情，莫过于思想上的消极和绝望。所以，外部环境如何恶劣并不可怕，重要的是自己如何来面对。盛夏时节，炎热无比，然而"心静自然凉"。面对穷困的境况，颜回"一箪食，一瓢饮，人不堪其忧，回也不改其乐"，曹操"穷且益坚，不坠青云之志"。因此，要用积极的态度去面对人生，幸福快乐的密匙就在自己手中。

254　进步处思退步　着手时知放手

进步处便思退步，庶免触藩之祸；着手时先图放手，才脱骑虎之危。

译文

向前发展的时候要想好退路，避免招致进退两难的灾祸；处理事情的时候要留有余地，防止骑虎难下、陷溺其中的危险。

点评

人生无论发展到怎样的阶段，都要为自己留有后路。规划蓝图、开创事业的时候，要做好充分的谋划，知道在什么时候收手和停止。事业进展一帆风顺、人生正飞黄腾达的时候，一定要考虑到潜在的风险，并早做准备，以防出现危机，最后进退两难，想抽身也抽不出来。这就好像山羊的角被卡在篱笆里一样，进退不得；又好像一个人骑在老虎的背上，难上又难下。

255　权豪因贪若乞　编氓知足则贵

贪得者，分金恨不得玉，作相怨不封侯。权豪自甘为乞丐；知足者，藜羹旨于膏粱，布袍暖于狐貉。编氓何让于王公？

译文

贪得无厌的人，分到了金子还抱怨没有得到宝玉，当上了宰相还嫌没有被封为王侯。本来是权贵豪门，偏偏把自己变成了乞丐。知足长乐的人，喝着菜汤也觉得比山珍海味鲜美，穿着布袍也感到比毛皮大衣暖和。这样的平民百姓，哪一点比不上王公贵族？

点评

贪得无厌的人，得寸进尺，得陇望蜀。他们的欲望犹如无穷的沟壑，怎么也填补不完。即使过着王公贵族的生活，他们内心却如同乞丐一样，永远得不到满足。俗话说，心有余裕，即是幸福。很多时候，人的贫穷或是富有，不在于物质上的多寡，而在于精神上是否满足。

256 不若逃名 何如省事

矜名不若逃名趣，练事何如省事闲。

译文

炫耀名声不如低调做人更得自在，忙碌世事不如减少俗务更觉悠闲。

点评

浅水喧哗，静水深流。一个有修养、有内涵的得道之人，即使获取了富贵功名，也不会以此做炫耀的资本，自矜于名望声势，飞扬跋扈，忘乎所以。相反，他能深刻地认清自己，用谦虚低调的态度回应世人的奉迎，保持本色与初心。“良贾深藏若虚，君子盛德容貌若愚。”虚怀若谷，韬光养晦，是智慧的君子做人做事的态度。

257 唯自得之士 无喧寂荣枯

嗜寂者，观白云幽石而通玄；趋荣者，见清歌妙舞而忘倦。唯自得之士，无喧寂，无荣枯，无往非自适之天。

译文

喜欢幽寂的人，看到白云和山石就能够感悟宇宙玄机；追求热闹的人，闻见清扬的歌声、曼妙的舞姿就会忘记疲倦。只有彻悟人生而怡然自得的人，既不喧嚣也不寂寞，既无痛苦也无烦恼，永远处于逍遥自在的境界。

点评

人的性情不一，生活也各种各样。有些人喜欢幽静的生活，寄情于山水之间；有些人喜欢繁华热闹，在歌舞场里流连忘返。前者可以做隐士，与青山绿水相伴，过清净悠然的生活；后者可以成功名，在富贵名利场中博取功名，成就一番事业。不论哪种生活，只要活得通达明白，内心有坚定的信念，不为物役，都属于修道有成的明白人。

258　孤云出岫　朗镜悬空

孤云出岫，去留一任其自然；朗镜悬空，妍丑两忘于所照。[①]

①“孤云”四句：一本作“孤云出岫，去留一无所系；朗镜悬空，静躁两不相干。”

译文

一片孤云从山谷中升起，它悠闲地飘来飘去，无牵又无挂；一轮圆月像明镜般悬在夜空，它平等地映照万物，不管是美还是丑。

点评

人的一生，来来往往，聚散无常。起起伏伏的生活，人究竟该如何面对？宋代大文豪苏东坡作诗说：“人生到处知何似？应似飞鸿踏雪泥。泥上偶然留指爪，鸿飞那复计东西。”生活漂泊难定不免令人心伤，而苏东坡却看人生如飞鸿，缘起则相聚，缘灭则离开，去留任其自然，心中了然无碍。所以，为人处世，不妨有一些佛家随缘任运的精神，用平等心看待万物，用平常心面对生活。

259　浓处味常短　淡中趣独真

悠长之趣，不得于醲釅[①]，而得于啜菽[②]饮水；惆怅之怀，不生于枯寂，而生于品竹调丝。故知浓处味常短，淡中趣独真也。

①醲釅：醲，通“浓”，指滋味浓烈醇厚的酒。②菽：豆类农作物的总称。

译文

绵远悠长的趣味，不来自于浓烈的美酒，而是来自于清淡的豆羹清水等；惆怅悲恨的情怀，不来自于孤独寂寞，而是来自于繁华热闹的生活。所以可知，浓烈的滋味常不持久，简淡的生活才显真纯。

点评

浓烈的美酒，滋味浓郁却容易使人醉倒，不若清汤白水可以久饮；纵情欲海、纸醉金迷的生活，短暂的享受可以调节身心，久处其中则令人沉迷，反倒不如粗茶淡饭，简朴而又纯真。烟花易冷，好景难常。人生的滋味，不在于高光时的美酒佳肴，而在于平凡之中的点点滴滴。

260 极高寓于极平 至难出于至易

禅宗曰："饥来吃饭倦来眠。"[①]诗旨曰："眼前景致口头语。"盖极高寓于极平，至难出于至易；有意者反远，无心者自近也。

①饥来吃饭倦来眠：明代王阳明有诗"饥来吃饭倦来眠，只此修行玄更玄。说与世人浑不信，却由身外觅神仙。"

译文

禅宗有句偈语说："饿了就吃饭，困了就睡觉。"《诗旨》说："要用口头话来写眼前景致。"最高深的道理往往存在于最平凡的事里，最困难的事情要从最简单的地方做起。刻意追求它反而难以如愿，无心寻找它自然近在眼前。

点评

明代哲学家王阳明作诗说："饥来吃饭倦来眠，只此修行玄更玄。"吃饭睡觉是人生中最寻常简单的事情，却有多少世人，吃饭不是吃饭，而是觥筹交错，胡吃海喝；睡觉不是睡觉，而是满怀心事，辗转反侧？世上的事，"看似寻常最奇崛，成如容易却艰辛"。有些时候，更是"有意摘花花不开，无心插柳柳成荫"。一个对生活深有体会的人，往往更容易明白这些道理。

261 水流石无声 山高云不碍

水流而石无声，得处喧见寂之趣；山高而云不碍，悟出有入无之机。

译文

溪流喧哗，而水中石头却悄无声息，由此体会到喧闹之中保持静默的意趣；山峰高耸，而天上云朵却自在飘动，由此领悟到破除障碍进入忘我之境的玄机。

点评

世上的事，很多看似矛盾对立，实际上都是相辅相成的。南朝诗人王籍有诗道："蝉噪林逾静，鸟鸣山更幽。"蝉鸣鸟语的声响，不仅没有令诗人感到聒噪，反而更衬托出一种清幽的境界。唐朝诗人王维有诗曰："行到水穷处，坐看云起时。"路走到无路可走的时候，非同寻常的美景也开始映入眼帘。喧哗的溪水下有静默的河石，稳如磐石的青山之上，有自在的白云悠然飘动。万物相辅相成，交相辉映，才共同组成了一个生机盎然的天地。

262　营恋居喧市　贪痴成商贾

山林是胜地，一营恋便成市朝；书画是雅事，一贪痴便成商贾。盖心无染着，欲界是仙都；心有挂牵，乐境成苦海矣。

译文

山林本是隐居的好地方，而一旦心生贪恋，山林就变成了俗市；欣赏书画是高雅的行为，而一旦贪图占有，那就跟商人没有了两样。所以，心灵纯净无污染，即使在欲望涌动的地方，也如同置身仙境；心中充满贪执，即使是快乐的环境，也如同置身苦海。

点评

禅诗说："春有百花秋有月，夏有凉风冬有雪。若无闲事挂心头，便是人间好时节。"天地万物自有它的美好，就看我们自己是否有一双发现美的眼睛。苏轼作诗道："试问岭南应不好，却道，此心安处是吾乡。"心若能安住，哪里都是故乡；心若不能安住，哪里都如笼牢。山林、书画，对于修道的君子而言，是挚友，是伴侣，是清净淡泊，是自在安闲；而对熙熙攘攘的名利客来说，是圈子，是商机，是尔虞我诈，是你争我夺。可见，品位的雅俗，不在于事物本身，而在于我们心灵境界的状态。

263　闹时忘所忆　静时现所忘

时当喧杂，则平日所记忆者，皆漫尔若遗；境在清宁，则夙昔所忽忘者，又恍然自现，可见静躁稍分，即昏明自异也。

译文

当你处在喧闹嘈杂的环境中，平时脑子里所记忆的东西，都会变得模糊不知所踪；当你处在清静安宁的环境中，那么以前忽然忘掉的东西，又会清清楚楚地浮现在脑海里。可见人心境的宁静或浮躁，直接决定他的头脑是否清醒。

点评

性情急躁的人，做起事来毛手毛脚，粗心大意，常有疏漏而不以为意。性情沉静的人，心思也大多缜密，做起事情来认真严谨，容易成功。《礼记》说："清明在躬，气志如神。"一个人内心的平和与宁静，会带来智识上的清明。清朝名臣翁同龢说："每临大事有静气。"一个人临危不乱的定力，就从他持静的功夫中表现出来。

264　卧雪眠云　吟风弄月

芦花被下，卧雪眠云，保全得一窝夜气；竹叶杯中，吟风弄月①，躲离了万丈红尘。

①吟风弄月：指吟诗作赋之类的文学创作活动。

译文

以芦花作被，以雪地作床，以云彩作帐，可以滋养天地之间产生美好心念的和气；持着竹叶杯，吟咏着清风，玩赏着明月，早已是远远地离开了那喧嚣的万丈红尘。

点评

北宋欧阳修《醉翁亭记》说:“山水之乐,得之心而寓之酒也。”游山玩水的意趣,贵在一颗悠闲自在的心灵。东晋诗人陶渊明《归去来兮辞》中说:“云无心以出岫,鸟倦飞而知还。”自然山水中没有人世的虚伪与狡诈,云出青山,鸟飞而还,一切都是那么自然悠闲。在山水中流连忘返,卧云眠月,绝俗超尘,真是“风景这边独好”。

265 浓不胜淡 俗不如雅

衮冕行中,著一藜杖的山人,便增一段高风;渔樵路上,著一衮衣的朝士,转添许多俗气。故知浓不胜淡,俗不如雅也。

译文

在达官显贵中,如果有一位手执木杖的山中隐士,便可增加一段高雅的风韵;在渔民樵夫里,如果有一位身穿官服的显贵,陡然间增加一丝庸俗之气。所以可知浓艳不如清淡,庸俗不如高雅。

点评

有人说,政治最无道义。不论古今中外,政治舞台上总是布满荆棘,而且处处都是陷阱。那些华贵的官服之下,究竟有多少纯净的灵魂?山中野夫,生活虽然简简单单,却容易保有一段做人的纯真。因此,在作者看来,这种纯真的人情,是做人必不可少的品质与气节。在一群道貌岸然的显贵中,如果有一位清新自然的修道之人,自可增添一段真趣;在一群纯朴的乡野村夫中,如果来了一位冠冕堂皇的官人,看起来却是那么的俗不可耐。

266 出世在涉世 了心须尽心

出世之道,即在涉世中,不必绝人以逃世;了心之功,即在尽心内,不必绝欲以灰心。

译文

超凡脱俗的方法，要在世俗红尘中修炼，不必刻意隔绝人世，远远地逃遁到山林里；了悟心性的功夫，要在尽心做事中体会，不必完全断绝欲念心如死灰。

点评

禅宗慧能大师说："佛法在世间，不离世间觉。"佛法是人世间的佛法，求证佛法离不开人世生活。大千世界，繁华无边。心中有佛，则处处是佛。遁世求佛，了不可觅。所以说，世外无法，历事炼心。

267　闲中无荣辱　静里绝是非

此身常放在闲处，荣辱得失，不受拘牵；此心常安在静中，利害是非，谁能瞒昧。

译文

经常使自己的生活保持着闲暇自在，世上的荣辱得失，就不会牵挂在怀；经常使自己的心灵保持着平静淡定，红尘的利害是非，就看得清楚明白。

点评

贪图功名富贵的人，置身于荣辱得失、是非利害当中，常常患得患失、难以安眠。这样的生活状态使人煎熬，令人忧劳。因此，身处红尘，应当有一段云水般的闲情，将名利看得淡一些，才不会被物欲包裹；让心灵保持宁静，是是非非自然明明白白。

268　云中世界美　静里乾坤长

竹篱下，忽闻犬吠鸡鸣，恍似云中世界；芸窗[1]中，偶听蝉吟燕语，方知静里乾坤[2]。

①芸窗:指代书房。芸,古人藏书用的一种香草。②乾坤:天地。杜甫《江汉》:“江汉思归客,乾坤一腐儒。”

译文

竹篱之下,不经意间传来几声犬吠鸡鸣,恍惚间好像置身于远离尘世的神仙世界;书窗之内,偶然间听到一阵蝉吟燕语,才发觉世界原来如此宁静。

点评

古人讲,非宁静无以致远。不论圣贤凡俗,都可以在宁静之中培养灵智。竹篱下,芸窗里,是一番清幽安宁的景致;犬吠鸡鸣,蝉吟燕语,不觉叩动了读书人的心弦。在一片恍如仙境般的山水之中,宁静的世界里蕴藏着气象万千。

269 贪荣忧利诱 争竞畏宦危

我不希荣,何忧乎利禄之香饵?我不竞进,何畏乎士宦之危机?

译文

我不希望追求荣华富贵,怎么会担忧名利官禄的诱惑?我不想升官发财,怎么会担心官场的尔虞我诈、陷阱危机?

点评

常言说,善泳者死于溺,玩火者必自焚。天下熙熙,皆为利来;天下攘攘,皆为利往。常在河边走,哪能不湿鞋?鱼如果不是贪图一时的美味,怎么会上钩?人如果不是贪图名利富贵,又怎么会有宦海沉浮?所以,要想平安地度过一生,最好把功名利禄看成过眼云烟。心不为所动,留一段神闲体安。

270 不玩物丧志 常借境调心

徜徉于山林泉石之间,而尘心渐息;夷犹于诗书图画之内,而俗气潜消。故君子虽不玩物丧志,亦常借境调心。

译文

徜徉在山林泉石间，为世事奔波忙碌的心念渐渐止息；沉浸在诗书图画内，世俗之气渐渐消失。所以，君子即使不沉溺于物境而丧失志向，也要常常借助物境调节心灵。

点评

古人常说，近朱者赤，近墨者黑。无论是结交朋友，还是布置家居环境，温馨高雅的环境，总是能够陶冶一个人的情操，改变一个人的气质。徜徉山水，赋诗作画，可以颐养性情，陶冶身心。所以，先贤荀子讲："君子居必择乡，游必就士，所以防邪僻而近中正也！"

271 春日心神荡 秋来神骨清

春日气象繁华，令人心神骀荡，不若秋时云白烟青，兰芳桂馥，水天一色，上下空明，使人神骨俱清也。

译文

春天百花齐放万象更新，使人心旷神怡、充满活力；但是却不如秋天的天高云淡，兰桂飘香，水天一色，天地清明，使人神清气爽、无比轻快。

点评

人们喜欢春天，是因为春天万物复苏，鸟语花香，充满了勃勃生机。人们喜欢秋天，是因为秋天意味着成熟和收获，更何况天气清明，令人神清气爽。人的一生也如同四季。春季是少年，秋季已成年。成年人历经种种，收获了智慧与稳健，再看青春不免感觉青涩。所以说，春日繁华，不若秋日清明。

272 不识字得诗趣 不参偈悟禅机

一字不识而有诗意者，得诗家真趣；一偈[①]不参而有禅味者，悟禅教玄机。

①偈:佛经、禅语中的唱词和诗句。

译文

有的人目不识丁说话却充满诗意,这才是真正得到了诗家的真趣;有的人不明佛理做事却充满禅意,这才是真正悟出了禅宗的深妙道理。

点评

生活的这部大书,有有字经,也有无字经。禅宗主张“不立文字,见性成佛”,认为生命的灵性不在于是否识字,而在于是否至真至善。用一颗至善之心品读生活,即使大字不识一个,也能感悟生活的美好,内心充满诗情画意;用一颗至诚的心面对生活,不以物喜,不以己悲,随缘自在,自有一股禅家的风度。

273 机重有杀气 念息见真机

机动的,弓影疑为蛇蝎,寝石视为伏虎,此中浑是杀气;念息的,石虎可作海鸥,蛙声可当鼓吹,触处俱见真机。

译文

心性巧诈多虑的人,看到水中的弓影就会认为是毒蛇来袭,看到草中的石头就会认为是老虎在埋伏,心里心外都是一片杀气;心性平和善良的人,把凶恶状的石虎看作是自由的海鸥,把聒噪的蛙鸣当作管弦乐奏,所遇所见无不充满了生命的真趣。

点评

佛家讲求万法唯识。善恶就在一念之间。心存善念,人间就是天堂;心有恶念,世界就是地狱。好用心机的人,常常疑神疑鬼,难免以小人之心度君子之腹。胸怀坦荡的人,光明磊落,内心充满了美好与真诚。

274　身如不系舟　心似已灰木

身如不系之舟，一任流行坎止；心似既灰之木，何妨刀割香涂①。

①刀割香涂：刀子割破身体，香料涂满全身，比喻诋毁和荣誉。

译文

身体好像没有系上缆绳的小船，任凭它随水漂流或静止；心灵好像已经焚烧成灰的树木，又怎会怕生命中的苦乐荣辱。

点评

心为形役的尘世生活，令人倍感沉重与忧劳。正是因为自由难得，匈牙利大诗人裴多菲发出了“生命诚可贵，爱情价更高。若为自由故，二者皆可抛”的呐喊。北宋大文豪苏东坡临终前，感叹漂泊的一生：“心似已灰之木，身如不系之舟”，漂泊的身体仿佛不系之舟，泯灭的心志宛如木已成灰。而这里作者却反其道而用之，认为身体要无牵无挂，一如不系之舟，心灵要不为所动，就如已灰之木。生活的美好境界，就是身心自如，融通自在。

275　自鸣天籁　自畅生意

人情听莺啼则喜，闻蛙鸣则厌，见花则思培之，遇草则欲去之。俱是以形气用事。若以性天视之，何者非自鸣其天籁，自畅其生意也？

译文

人之常情是听见莺啼声就喜欢，听到蛙鸣声就讨厌，看到花朵就想去养护，看到小草就想去清除，这些都不过是凭着感官意气来对待万事万物。如果抛开一己好恶，以纯真本性来对待它们，则哪一种声音不美妙动人，哪一处植物不充满勃勃生机呢？

点评

生活中,人们很容易用自己的一知半解来判断是是非非。听见莺啼就感到高兴,听见蛙鸣则感到厌恶,看见娇花就爱不释手,遇见小草便动手拔去。这样的行为不过是受到了主观情绪的影响,并不能说明真正的物是物非。所以,对于智者而言,要修炼自己不受物扰的平等之心。用平等心处世,看万物自然清白分明。

276　任幻形凋谢　识自性真如

发落齿疏,任幻形之凋谢;鸟吟花开,识自性之真如。

译文

人到了头发脱落、牙齿松动的年纪,只好任由那虚幻般地躯体衰老凋零;回首鸟儿欢唱、繁花盛开的青春时光,应感悟生命中有真如不变的本心本性。

点评

生老病死是人生必然经历的不同阶段。因此,人应该坦然地面对衰老和死亡,不必因为百年之后的事情而过度悲伤。花开花谢,物生物死,都是不可避免的客观规律。将有限的时间投入在无限的事业当中,就会充分活出人生的价值和精彩。

277　欲深波沸寒潭　心静凉生暑夜

欲其中者,波沸寒潭,山林不见其寂;虚其中者,凉生暑夜,朝市不知其喧。

译文

一个人心中充满欲念,即使置身清凉的潭水中也会感觉心如沸水,即使身处山林也感受不到寂静;一个人心中充满安宁,即使置身酷热的暑夜也会感觉凉爽无比,即使身处闹市也感觉不到喧嚣。

点评

一个人的内心充满贪欲，就会心浮气躁，即使身处幽静的山林，也很难享受一片安宁。相反，一个人的内心清静淡泊，则虚室生白，即使身处闹市也不觉喧嚣，即使身处酷暑也不觉闷热。

278 多藏厚亡 高步疾颠

多藏者厚亡，故知富不如贫之无虑；高步者疾颠，故知贵不如贱之常安。

译文

财富聚敛得越多，失去时损失也越大，可见富人不如穷人无忧无虑；官职爬得越高，跟头会栽得越大，可见权贵不如平民过得安心。

点评

一个人野心越大，聚敛越多，则风险越大，失败的后果越是严重。人们常说，爬得高跌得重，正是这个道理。所以，富贵之家，享受财富的同时，往往忧虑也多。宦海沉浮的权贵人士，官职越高，承受的责任越大，很难如平民一般过得心安神闲。有智慧的人，如果能看透这般道理，纵使仕途失意，也不失心灵的一段安闲。

279 晓窗读易 午案谈经

读易晓窗，丹砂研松间之露；谈经午案，宝磬宣竹下之风。

译文

清晨在窗边研读《易经》，批阅评点时，用松叶的露珠研磨出朱砂红墨；中午在书桌前诵读佛经，竹林里清风吹来，将清脆的木鱼声传至远方。

点评

青灯古佛、暮鼓晨钟的生活，有着红尘中难有的宁静与平和。与诗书相伴，在经声佛号中感悟生命，远离红尘的是是非非，真是好一派神仙姿态！

280 盆花乏生机 笼鸟减天趣

花居盆内，终乏生机；鸟入笼中，便减天趣。不若山间花鸟，错集成文，翱翔自若，自是悠然会心。

译文

花朵被栽在盆里，便缺乏了自然生机；鸟儿被关进笼中，便减少了天然真趣。它们不如山间的野花野鸟，花儿在大地上自由地编织花纹，鸟儿在天空中逍遥地翱翔飞舞，看起来怡然自得、触人心扉。

点评

道家追求生命的自由与逍遥，将尘世的规矩视为砍伐天性的斤斧。战国时期，楚威王派使者请庄子出山为相。庄子问使者："神龟是愿意被人杀死尊奉在宗庙之上，还是愿意保留性命在污泥里游来游去？"使者回答："愿意保留性命在污泥中游来游去。"庄子说："你走吧，我还是愿意在污泥里自在地游来游去。"笼中的鸟儿叫得再婉转，却天然失去了鹤鸣于九皋的自在与生趣。一个人纵然锦衣玉食，然而情非得已、身不由己，也难以拥有真正的幸福。

281 执我心苦 无我心悠

世人只缘认得我字太真，故多种种嗜好，种种烦恼。前人云："不复知有我，安知物为贵？"又云："知身不是我，烦恼更何侵？"真破的之言也。

译文

只因世俗之人把"我"看得太重，才会产生千般嗜好万种烦恼。古人说："假如不知道有我的存在，又怎会在乎外物的可贵呢？"又说道："假如明白就连身体也非我有，还有什么样的烦恼能侵扰我呢？"真可以说鞭辟入里切中要害。

点评

佛家认为,人生之所以有烦恼痛苦,究其根源在于"我执"。人总是把自己看得过重,执着于追求自己的私心贪欲,欲望满足了便心生欢喜,欲望得不到满足就懊恼痛苦。诚所谓"万般带不走,唯有业随身",当生命行将结束的时候,除了自己造下的种种因果,其他什么也带不走。所以,道德高尚的君子,不会将那些身外之物、个人得失看得过重。

282 以失意心 销得意念

自老视少,可以消奔驰角逐[①]之心;自瘁视荣,可以绝纷华靡丽之念。

①奔驰角逐:指拼命争夺利益。

译文

从垂垂暮年时看待年少轻狂,可以消除追名逐利的心思;从穷困没落处看待荣华富贵,可以消除追求荣华的念头。

点评

《红楼梦》里《好了歌》唱道:"世人都晓神仙好,唯有功名忘不了!古今将相在何方?荒冢一堆草没了。"世人汲汲于功名利禄,为加官进爵、升官发财忙碌着一生。然而从生死的角度看,那些金银珠宝、富贵荣华,哪一样能永远随身携去?历经了世事沧桑,看人间如梦幻一场。那些少年的意气与峥嵘,那些曾经的繁荣与奢华,既然皆成过往,又何必苦苦执着?

283 人情世态 不宜执著

人情世态,倏忽万端,不宜认得太真。尧夫[①]云:"昔日所云我,而今却是伊。不知今日我,又属后来谁?"人常作如是观,便可解却胸中罥[②]矣。

①尧夫:邵雍(1011—1077),字尧夫,谥康节,北宋著名理学家。②罥(juàn):作名词用,

指捕捉鸟兽的网,这里引申为胸中块垒。

译文

人情世态变化无穷,对此不应该太过执着。宋代大儒邵雍说:“以前所谓的我,如今却变成了他;不知今天的我,到头来又变成谁?”一个人如果能经常有这种看法,自然能够消除心中的一切烦恼。

点评

寒山问拾得:“世人谤我、欺我、辱我、笑我、轻我、贱我、恶我、骗我,如何处治乎?”拾得回答:“只是忍他、让他、由他、避他、耐他、敬他、不要理他,再待几年你且看他。”天地有万古,人生只百年。世事变化无常,人又何必将那些变幻莫测的世态人情认得太真、看得太重?生活中,不妨学一学佛家的处世精神,将一个“我”看轻一点。换个角度来看,世界如此不同!

284 热中持冷眼 冷处存热心

热闹中着一冷眼,便省许多苦心思;冷落处存一热心,便得许多真趣味。

译文

在热闹中保持冷静,便可省去许多烦恼;在落寞时保持昂扬意志,便可以收获许多真趣。

点评

人生得意的时候,且莫忘乎所以,须知“富贵而骄,自遗其咎”。要保持头脑的清醒与冷静,以免爬得高跌得重,到头来一场虚空。人生失志的时候,也不要垂头丧气。“留得青山在,不怕没柴烧。”只要信念不失,奋斗不止,总是能够东山再起!

285 寻常家饭 安乐窝巢

有一乐境界,就有一不乐的相对待;有一好光景,就有一不好的相乘除[1]。只是寻常家饭，素位[2]风光，才是个安乐的窝巢。

①乘除：消长。②素位：安于本分，不作分外妄想。《中庸》："君子素其位而行，不愿乎其外。"

译文

有一个快乐的境界，就会有一个不快乐的境界与之相对应；有一个美好的光景，就会有一个不美好的光景与之相抵牾。可见，只有那普通的家常便饭、寻常的自然景色，才是人世间真正安乐的归宿。

点评

旷世奇恋，生离死别，怎如寻常夫妇长相守！人们常说"好花不常开，好景不常在"，美好的光景从来短暂。"欢乐极兮哀情多"，盛名之后，难掩寂寞。所以，与其过大起大落、大悲大喜的生活，不如在平平淡淡之中，持守一片祥和。

286　乾坤自在　物我两忘

帘栊[1]高敞，看青山绿水吞吐云烟，识乾坤之自在；竹树扶疏，任乳燕鸣鸠[2]送迎时序，知物我之两忘。

①栊：宽大有格子的窗户。②乳燕鸣鸠：燕和鸠都是候鸟，秋天南飞，春天北飞。这里引申为季节更替。

译文

卷起窗帘，远眺烟笼雾罩的青山绿水，才明白大自然是多么美好自在；小窗之外，翠竹摇曳生姿，任凭燕子与鸣鸠冬去春来，令人形骸脱落，与自然合二为一。

点评

道家追求天人合一的境界，将自然山水视为寄托生命的理想之地。苏轼《赤壁赋》里说道："惟江上之清风，与山间之明月，耳得之而为声，目遇之而成色，取之无禁，用之不竭。"大自然的景色，是那么和谐美好而又生生不息，令人向往。在城市中奔波忙碌的人，不妨抽一些时间回归于山水之间，在青山绿水、鸟语花香中，获取心灵的慰藉和滋润。

287 求成莫太切 养生贵自然

知成之必败，则求成之心不必太坚；知生之必死，则保生之道不必过劳。

译文

知道有成功必有失败，就不必一定要追求事业成功；知道有生必有死，就不必过于去追求养生之道。

点评

俗话说，胜负乃兵家常事。人生路起起伏伏，有得必有失，有成也有败。智者千虑，必有一失，更何况是普通凡夫？所以，面对暂时的得与失，心灵适当放宽一点，有成就不自满，失败了也不气馁。生死也一样，时运无常而生死有命。人生苦短，何不潇洒走一回？

288 水急流境静 花频落意闲

古德云："竹影扫阶尘不动，月轮穿沼水无痕。"[①] 吾儒云："水流任急境常静，花落虽频意自闲。"人常持此意，以应事接物，身心何等自在。

①竹影扫阶尘不动，月轮穿沼水无痕：该诗偈出自唐代雪峰和尚，见《五灯会元》卷六。

译文

古代的高僧大德说："竹影在台阶上掠过，可台阶上的灰尘并没有因此飞动；月影投映到了水里，可池水依然清净了无波痕。"儒家的学者说："不论水流多急，我的心常保宁静；纵然花瓣纷纷凋落，我的心依然安闲。"一个人常用这样的态度来待人接物，那么他的身心将会是何等的悠然自在。

点评

花花世界，灯红酒绿，社会对人的诱惑可谓无处不在，科技的发展更加剧了人类欲望的膨胀。如老子《道德经》说："五色令人目盲，五音令人耳聋，五味令人口爽，驰骋畋猎令人心发狂，难得之货令人行妨。"面对世事的纷纷扰扰，有德行的君子会自觉加强品德修养，抵制感官诱惑。

289 静听自然鸣佩 闲观最上文章

林间松韵，石上泉声，静里听来，识天地自然鸣佩[①]；草际烟光[②]，水心云影，闲中观去，见乾坤最上文章。

①鸣佩：古人将玉石系在衣带上作为饰物，行走时玉石相击触发出清脆的声响。②烟光：形容天地间迷蒙的景色。

译文

山林间松涛阵阵，河石上水声潺潺，静静聆听，可以感受天地间的自然乐音；芳草远处的朦胧雾霭，水波中倒映的悠悠白云，悠闲看去，就知道这是天地间的最美文章。

点评

唐代诗人李涉作诗说："因过竹院逢僧话，偷得浮生半日闲。"世间名利客与文人雅士的区别，在于前者总在为名利奔波忙碌，而后者却安享一段闲情，品味隐逸之趣。面对湖光山色，心境不同，感受自然不同。有生活情趣、有文化素养的隐逸之士，总是能在一花一木中领略无尽的情致。

290 心魔难降 欲壑难填

眼看西晋之荆榛，犹矜白刃；身属北邙[①]之狐兔，尚惜黄金。语云："猛兽易伏，人心难降；溪壑易填，人心难满。"信哉！

①北邙：洛阳以北有山曰北邙，从汉代开始富贵人家死后多葬此山。

译文

眼看西晋就要亡国，却还在垂死挣扎炫耀武力；此身就要成为北邙山狐兔的食物，却还在吝惜金银大肆敛财。俗话说："凶猛的野兽容易制服，心中的欲望实在难以消除；山谷沟壑容易填平，心中的贪婪却永远难以满足。"确实是这样啊！

点评

俗话说，妖魔易退，心魔难除。人生就是一场修行，修炼如何面对自己内心的执念与贪欲。《金刚经》中，弟子问佛："云何应住，云何降伏其心？"佛说："应无所住而生其心。"面对人生的诱惑，唯有坚定的出离心，才能看破世间虚幻，破除执着迷惘。在了无挂碍的心境当中，收获生命的安定与平和。

291 心地无风涛 性天有化育

心地上无风涛，随在皆青山绿水；性天①中有化育②，触处见鱼跃鸢飞③。

①性天：本性，天性。②化育：指自然界生成万物，这里指先天善良的德性。《礼记·中庸》："赞天地之化育。"③鱼跃鸢飞：比喻自由自在、充满生机。《诗经·大雅·旱麓》："鸢飞戾天，鱼跃于渊。"

译文

心湖中不起风浪波涛，到处都是青山绿水的美景；天性中保留慈心爱意，到处都有鱼跃鸢飞的生机。

点评

生活的情趣源自于内心的感受。内心阴云密布，看青山不免增几分愁容；内心阳光灿烂，看绿水自是悠悠。内心充满仇怨，看万物便杀气腾腾；内心慈爱欢喜，到处都充满生机。

292 叹蓑笠飘逸 羡陋室悠静

峨冠大带之士,一旦睹轻蓑小笠飘飘然逸也,未必不动其咨嗟;长筵广席之豪,一旦遇疏帘净几悠悠焉静也,未必不增其绻恋。人奈何驱以火牛[①]诱以风马[②],而不思自适其性哉?

①火牛:本意为古代火攻的一种战具,将牛角绑上兵器,尾部涂上油脂,焚之使冲杀敌军。这里比喻放纵欲望追逐富贵。陆游诗:"利欲驱人万火牛。"②风马:兽类雌雄相诱称为"风",即发情的马。这里比喻欲望。

译文

峨冠博带的达官贵人,偶尔看到平民百姓身穿蓑衣斗笠,神情潇洒安逸,未必不会心生感叹;终日周旋于奢侈宴席间的富豪,一旦看到普通人家窗明几净,生活悠然闲适,未必不会心生羡慕。可惜啊世人殚精竭虑地追逐权力富贵,为什么不考虑过一种朴素的生活以适应恬淡的本性呢?

点评

在红尘中奔波忙碌的世人,如果所求却非所爱,纵然表面上拥有显赫的地位,过着富足的生活,然而幸福的能有几个?官职和财富可以人前炫耀,而内心的苦楚该向谁倾诉?在作者看来,用失去自由的代价,用压抑天性的方法,来换取世人眼中的充满光环的生活,显然是不足取的。

293 置身江湖 相忘江湖

鱼得水逝,而相忘乎水;鸟乘风飞,而不知有风。识此可以超物累,可以乐天机。

译文

鱼儿在水中游，却忘记自己置身水中；鸟儿借风力飞，却不知自己置身风里。人如果能看清这里面的道理，就可以超然于物欲诱惑之外，又可以享受真正的人生乐趣。

点评

鱼在水中游，鸟在天上飞。鱼儿不曾意识到置身水中，既不会为水少而担忧，也不会为水多而欣喜。鸟儿不知有风，不因风来而奋翅，也不因风去而驻足。可见，美好的生活尽管离不开种种的物质条件，但既能和这些外在的条件打成一片，又不心为物役，这样才能真正享受到人生的乐趣。

294 盛衰无常 强弱安在

狐眠败砌，兔走荒台，尽是当年歌舞之地；露冷黄花，烟迷衰草，悉属旧时争战之场。盛衰何常？强弱安在？念此令人心灰！

译文

荒败的台阶上狐狸安睡，废弃的亭台上野兔出没，这些地方都是当年的歌舞升平之地；寒风凉露中黄菊瑟缩，悲烟愁雾里枯草衰黄，这些地方都是古代英雄争霸的战场。兴衰成败哪能长久，强弱胜负今在何方？每当想起这些，内心就感到无限哀伤。

点评

《红楼梦》里有诗道："陋室空堂，当年笏满床；衰草枯杨，曾为歌舞场。"当年的王侯相府、歌池舞场，转眼间物去人散，只剩下陋室空堂，衰草枯杨。唐代诗人刘禹锡感叹："旧时王谢堂前燕，飞入寻常百姓家。"曾经那些声势显赫的达官显贵，如今却早已淹没在历史的风尘当中，只留下一堆荒冢枯骨。人生本无常，盛衰成败又何必苦苦挂念！

295 宠辱不惊 去留无意

宠辱不惊,闲看庭前花开花落;去留无意,漫随天外云卷云舒。

译文

无论恩宠还是羞辱都不为所动,闲下心来欣赏庭院中的花开花落;无论离开还是留下都毫不介意,悠然自在任凭天上白云随风聚散。

点评

人生于世,很难一帆风顺。官场少有长青树,财富总有用尽时。很多时候,问题比办法多,喜悦比痛苦少。恩宠欢爱难长久,此处有得彼处失。面对生活种种,能修炼到宠辱不惊、去留无意,就是高人境界。正如毛泽东的诗说:“敌军围困万千重,我自岿然不动。”面对人生的苦难,唯有用坚强的意志,才能磨砺出一任花开花落、云卷云舒的自在与悠然。

296 飞蛾投火 鸱枭嗜鼠

晴空朗月,何处不可翱翔,而飞蛾独投夜烛;清泉绿果,何物不可饮啄,而鸱枭①偏嗜腐鼠。噫!世之不为飞蛾鸱枭者,几何人哉?

①鸱(chī)枭:猫头鹰。《庄子·齐物论》:“民食刍豢,麋鹿食荐,蝍蛆甘带,鸱鸦嗜鼠,四者孰知正味。”

译文

晴空万里皓月当空,哪里不能自由飞翔?可是飞蛾却偏要投奔火烛、自取灭亡;清冽泉水翠绿瓜果,什么不能填饱肚子?可猫头鹰却偏要吃腐臭的死鼠。唉!世上的人不像飞蛾鸱枭那样荒唐的,究竟能有几个呢?

点评

人作为万物的灵长，常常自讨苦吃，其行为并不比飞蛾扑火高明到哪里！常言说，莫伸手，伸手必被捉。然而却有多少人因贪心而刀口舔蜜，犯下大过，最终身陷囹圄；又有多少人，遇事不懂得变通，一意孤行，结果作茧自缚。天堂有路你不走，地狱无门偏要行。人如果不能控制内心的贪欲，便会在通往地狱的路上越走越远。

297　舍筏无事道人　觅驴不了禅师

才就筏①便思舍筏，方是无事道人；若骑驴又复觅驴②，终为不了禅师。

①筏：竹船，佛教用来比喻度化世人解脱烦恼的方法。《金刚经》："知我说法，如筏喻者。"②骑驴又复觅驴：比喻愚人不知自身本具纯真人性而更欲向外寻找。明代陈实《大藏一览》："参禅有二病，一是骑驴觅驴，一是骑不肯下。"

译文

刚刚踏上了船筏，就想着到岸后舍弃它，这才是不为外境束缚的觉悟者；如果已经骑着一匹驴，却四下张望着寻找驴，那就是个难以觉悟解脱的求道者。

点评

佛家讲，见月忘指。引导凡夫走向觉悟的佛法，就如同指向明月的那根手指。佛法在月不在指，觉悟在人而不在法。佛法不自外求，就在自己心中。了断生死烦恼，即可觉悟人生。真正彻悟了人生的觉者，不会纠缠在佛法的文辞句眼当中。如果一味从佛教的经文当中寻求真理，就好比骑驴找驴，心中有佛却不自知，终究不明佛理，难以了断。

298 冷眼观成败 冷情当是非

权贵龙骧，英雄虎战。以冷眼视之，如蚁聚膻，如蝇竞血；是非蜂起，得失猬兴。以冷情当之，如冶化金，如汤消雪。

译文

达官贵人像飞龙般气概威武，英雄好汉像虎斗般骁勇好战。如果用冷眼来看待他们，就好像蚂蚁聚集到膻腥周围争食、苍蝇在竞相吸血；是是非非像群蜂飞舞，穷通得失像刺猬针毛般密集。如果冷静地处理它们，就好像熔炉能融化铁水、热汤能融化冷雪。

点评

古人讲，春秋无义战。历史上的金戈铁马，造就了不少英雄豪杰，但也留下了无数的荒坟野冢，累累白骨。冷眼旁观历史风云，那些所谓龙争虎斗、逐鹿中原，其实大多都是涂炭生灵的不义之战。所以，元代诗人张养浩感叹说："兴，百姓苦；亡，百姓苦。"权贵之间你争我夺，受苦的仍然是平民百姓。看透了这些，再思考是非成败、穷通得失，不免都付笑谈之中，不必放在心头了。

299 知哀尘情破 知乐圣境臻

羁锁于物欲，觉吾生之可哀；夷犹[1]于性真，觉吾生之可乐。知其可哀，则尘情立破；知其可乐，则圣境自臻。

①夷犹：留连。

译文

被物质欲望束缚住了，会觉得生命很可悲；悠游在纯真的本性中，才发觉生命的可爱。知道什么事情很可悲，尘世的欲望就可以立刻消除；知道什么事情很快乐，神圣的境界就自然能够达到。

点评

生命中如果只有物质和欲望，这样的人生是可怜的。终日被物欲困扰，过着身不由己的生活，不知不觉便会积累下许多苦恼。有了苦恼就会寻求解脱，那么人生向上一步的境界便有了可能。所谓明心见性，只有彻悟了本心本性，才能在真善美慧的境界当中，感受生命的圆满。

300 雪消炉焰 月在青天

胸中物欲，半点都无，已如雪消炉焰冰消日；眼里空明，一段自在，时见月在青天影在波。

译文

心里没有一丝一毫的物欲，就好比炉火太阳将冰雪融化；眼里散发出纯净自在的光泽，就看见皓月当空，月影倒映在清明的水波上。

点评

佛家认为，众生皆有佛性。每个人的心中，都有清风明月般清明的本性，只是被贪嗔痴等世俗的欲望给掩盖和污染了。将个人的得失宠辱看得淡一些，少一份物欲，便可多一份清明，在明心见性中洞察世事人情。反之，欲望太胜，心神便会受到蒙蔽，以致头脑昏聩、不明事理。

301 诗思霸桥上 野兴镜湖边[①]

诗思在霸陵桥上[②]，微吟就，林岫便已浩然[③]；野兴在镜湖[④]曲边，独往时，山川自相映发[⑤]。

①此则亦见于明代李鼎《偶谭》。②诗思在霸陵桥上：出自《北梦琐言》。本书记郑棨语："诗思在霸桥雪中驴子上。"③林岫便已浩然：出自《世说新语·言语》。原句为："道壹道人好整饰音辞，从都下还东山，经吴中，已而会雪下，未甚寒。诸道人问在道所经，壹公曰：

‘风霜固所不论,乃先集其惨澹;郊邑正自飘瞥,林岫便已浩然。’”④镜湖:在浙江省绍兴会稽山北麓。⑤山川自相映发:出自《世说新语·言语》。原句为:“王子敬云:‘从山阴道上行,山川自相映发,使人应接不暇。’”

译文

站在霸陵桥上诗兴大发,刚吟诵出诗句,看山林峰峦便已充满诗情画意;行走在镜湖水边悠闲自在,独自漫步时,看山水交相辉映,多么秀美。

点评

唐代诗人刘禹锡作诗说:“晴空一鹤排云上,便引诗情到碧霄。”大自然风光旖旎、景色无限,不但能激发一个人的创作热情,也能够陶冶性灵,给人以诗思。流连于山水之间,欣赏着自然风光,就仿佛回到了生命之初,天地之间一片祥和。可见,一个人的诗情雅兴,并不在于富贵显达,而在于超凡脱俗的心境。

302 伏久者飞高 开先者谢早

伏久者飞必高,开先者谢必早。知此,可以免蹭蹬[①]之忧,可以消躁急之念。

①蹭蹬(cèng dèng):失势的样子。

译文

鸟潜伏得越久,飞翔得会越高;花盛开得越早,凋谢得会越快。知道了这个道理,就不必为怀才不遇而忧愁,也不必要有急于求成的念头。

点评

《史记》中记载一则典故,春秋时期齐威王当政三年而无所作为。大臣淳于髡委婉地问道:“国中有大鸟,在王宫中停留三年,不飞又不鸣,敢问大王是否认识此鸟?”齐威王回答说:“此鸟不飞则已,一飞冲天;不鸣则已,一鸣惊人。”于是颁布政令,很快国富兵强,天下大治。所以说,成就大事者一定要有“百忍成刚”的胸襟,潜伏时要坚忍不拔、养精蓄锐,等到时机成熟,该出手时就出手,最后一举成功。

303　花叶徒荣　玉帛无益

树木至归根[1]日，而后知花萼枝叶之徒荣；人事至盖棺，而后知子女玉帛之无益。

①归根：出自《传灯录》。原句为："六祖慧能涅槃时答众曰：'落叶归根，来时无日。'"

译文

树木到了落叶归根的时候，才知道枝叶繁茂花朵鲜艳，只不过是短暂的荣华；世人到了盖棺论定的时候，才知道子孙儿女金银财富，原来都是徒劳无益。

点评

常言道，人死万事休。当生命行将就木的时候，曾经的花繁叶茂、枯木衰枝，无不随风消散。俗话说，儿孙自有儿孙福，不给儿孙做马牛。一代人有一代人的生活，与其为那些身后之事、儿女未来忧心操劳，不如看破放下。人既然赤条条地来，也就潇洒洒地去！

304　真空不空　在世出世

真空不空。执相非真，破相亦非真，问世尊如何发付[1]？在世出世。徇[2]欲是苦，绝欲亦是苦，听吾侪善自修持。

①发付：发表意见。②徇：追求。

译文

真正的"空"不是什么也没有。执著于事物的表相不能悟到真谛，破除所有事相也同样没悟到真谛，请问佛祖如何解释这个道理？即使身处俗世也可以超凡脱俗。追求欲望会带来危害痛苦，而断绝一切欲望也同样令人痛苦，到底怎么办要看我们修行的功夫。

点评

佛家讲万法皆空,是要我们不对变化无常的事物生起执着之心。《金刚经》说:“若见诸相非相,即见如来。”参悟宇宙万法的真谛,一定要破除非此即彼、偏执一端的思维,而要非此非彼、不落两端。既不从事物的表象上追寻真理,也绝不象外求法。纵欲固然是苦,而绝欲又何尝不苦?《心经》说:“空即是色,色即是空。”参悟了空有相即的道理,也就离佛不远了。

305 德位有别 贪忧无异

烈士[①]让千乘,贪夫争一文,人品星渊[②]也,而好名不殊好利;天子营家国,乞人号饔飧[③],分位霄壤也,而焦思何异焦声。

①烈士:重视道义节操的人。②星渊:天上的星与地下的深潭,形容差别极大。③饔飧(yōng sūn):饔,早餐;飧,晚餐。泛指食物。

译文

刚烈的义士可以把千乘之国礼让他人,贪婪的小人却为一文钱而争来夺去。他们的人品有高下之分,可就好名与贪利的心理来说却是一样的;天子为经营国事而奔波忙碌,乞丐为一日三餐而哀泣哭嚎。他们的地位有天壤之别,可就内心的忧苦与焦思来说却是一样的。

点评

有钱有有钱的烦恼,没钱有没钱的烦恼。人有贫富贵贱,生活方式虽然各异,却一样感受着爱恨情仇、苦乐忧戚。唯有彻底觉悟的智者能享受生命的自在欢喜。所以说,人性的高贵并不在于地位的高低、官位的有无。面对着世事纷纭,人要有一些“不以物喜,不以己悲”的淡泊情怀。既不沽名钓誉,也不妄自菲薄,在淡定从容中笑看世间万物。

306 饱谙世味 会尽人情

饱谙世味，一任覆雨翻云，总慵开眼；会尽人情，随教呼牛唤马，只是点头。

译文

饱经了世事风霜，任凭世态反复无常，都懒得睁眼去看是是非非；受尽了人情冷暖，但使人们呼来喝去，我也只是点点头而已。

点评

沧海横流，方显英雄本色。社会才是人生真正的学校。所谓“历事炼心”，经受过斗争的残酷，享受过爱情的甜蜜，有过富贵显达，也有过穷困失志……经历了如此种种，自然也就磨砺出一颗坚定的心。任他诋毁赞誉，也能做到无动于衷。

307 前念不滞 后念不迎

今人专求无念，而终不可无。只是前念不滞，后念不迎，但将现在的随缘打发得去，自然渐渐入无。

译文

今人一心想做到心无杂念，可是却始终不能够做到。只要不去计较从前的想法，对于未来的事情也不去忧虑，做好眼前的事情，就会渐渐消除杂念，进入无念。

点评

以“有所求”的心，求“无所得”的念，真是“羚羊挂角，无迹可寻”。修道就是要将这“有所求”的心修除，如“雁渡寒潭，雁去而潭不留影”般随缘自在，让杂念渐去，从而转乱心为定心，转烦恼成菩提。

308　偶会成佳境　天然见真机

意所偶会便成佳境，物出天然才见真机，若加一分调停布置，趣意便减矣。白氏①云："意随无事适，风逐自然清。"有味哉！其言之也。

①白氏：白居易。

译文

内心偶然有所领悟，就会营造出最佳境界；事物要自然天成，才显得纯朴真实；如果增加一分人工的修饰，就会大大减低了天然的趣味。所以白居易有诗道："意念无为才能身心舒畅，风起自然才能使人凉爽。"这真是句至理名言，实在值得细细体味！

点评

人类巧夺天工，终不及大自然鬼斧神工。盆景纵然美丽，却失去一段天然风致。大自然相比于人类社会，最单纯清净，也最韵味悠长。寄情于山水之间，一时间忘怀得失，在物我两忘的境界中，常常体会到生命最自然的真趣。反观那些酒宴上的阿谀忸怩，真是丑陋。所以，人贵自然，万物皆贵自然。

309　彻见自性　不必谈禅

性天①澄澈，即饥餐渴饮，无非康济身心；心地沉迷，纵谈禅演偈②，总是播弄精魂。

①性天：天性、本性。②演偈：解释佛家的偈语。

译文

内心干净纯洁的人，饿了就吃渴了就喝，身心悠游自在；内心沉迷贪欲的人，纵使谈禅论佛，也只是卖弄聪明。

点评

花拳绣腿敌不过真实功夫，夸夸其谈也不代表学识渊博。所以说，真正的修行，不在于佛冠僧袍，而在于日常的点点滴滴。明代憨山大师有诗偈说："口念弥陀心散乱，喊破喉咙也枉然。"一个人如果内心没有彻悟，只是做一些谈禅话佛的表面文章，那么修行终究难以落到实处。

310 心有真境 恬愉清芬

人心有个真境，非丝非竹而自恬愉，不烟不茗而自清芬。须要念净境空，虑忘形释①，才得以游衍②其中。

①形释：指躯体的解脱。②衍：漫延，扩展。

译文

每个人内心都有真实美好的境界，即使没有丝竹管弦也觉得恬静愉快，即使不燃香不饮茶也散发着清新芳馨。必须意念干净境界空明，忘记掉一切烦恼，身体也完全放松，才能够充分享有这份真实与美好。

点评

佛家讲，人人皆有佛性，众生皆可成佛。只是这清明的佛性，常常被世间的情欲名利熏染。所以，禅宗神秀大师说："身似菩提树，心如明镜台。时时勤拂拭，莫使惹尘埃。"如果想获得内心清明的佛性，就该时时地将被这颗被名利熏染的心擦拭干净。外在的花香再迷人，怎比得上内心的佛香持久芬芳？

311 真不离幻 雅不离俗

金自矿出，玉从石生，非幻无以求真；道得酒中，仙遇花里，虽雅不能离俗。

译文

黄金是从矿石中冶炼出来的，美玉是从璞石中雕琢出来的，可见不经过虚幻就不能得到真实；玄机妙道可以从酒里面获得，神仙雅士也会在声色中逍遥，可见纵是高雅也不必脱离尘俗。

点评

佛法在世间，不离世间觉。人生就是一段去粗取精、去伪存真的路程。矿砂要冶炼才能成黄金，璞石要雕琢才能成美玉，人也必须历经一番风雨，才能真正地成长。即使人生一帆风顺，也要脚踏实地面对尘世生活。

312　俗眼观异　道眼观同

天地中万物，人伦中万事，世界中万物，以俗眼观纷纷各异，以道眼观种种是常。何须分别，何须取舍？

译文

天地宇宙中的万事万物，社会人情中的复杂事态，红尘世界中的种种事件，如果用世俗之眼去观察，纷纷扰扰各不相同；如果用智慧之眼去观察，本质上便没有什么不同。那么何必非要有所分别、有所取舍呢？

点评

佛法讲“一心开二门”，有真如门，有生灭门。从生灭门看世界，则有生有死，轮回不息，烦恼不止；从真如门里看世界，则世界只是真常，“也无风雨也无晴”。佛家论觉悟，就是要出生灭门而进真如门。从悟道者的眼光来感受世界，则天地大同，万物和谐。

313　神酣布被中　味足藜羹后

神酣布被窝中，得天地冲和之气；味足藜羹饭后，识人生淡泊之真。

译文

在粗布棉被中安然入睡,可以吸收天地间的和顺之气;在粗茶淡饭中吃饱喝足,可以感受平淡生活的真实乐趣。

点评

相对于物质上的富足而言,精神的愉悦才能带给人真正的满足。孔子说:"不义而富且贵,于我如浮云。"比起那些做了坏事而心怀鬼胎、昼夜难眠的人来说,胸怀坦荡能吃能睡才是最幸福的。饮食也是一样,乞丐尚且不吃嗟来之食,何况有尊严的君子?怡然自得地品味粗茶淡饭,也不失为人生一乐。

314 解脱在自心 心悟居净土

缠脱只在自心,心了则屠肆糟廛[1],居然净土。不然,纵一琴一鹤,一花一卉,嗜好虽清,魔障终在。语云:"能休尘境为真境,未了僧家是俗家。"[2]信夫!

①屠肆糟廛:屠肆,屠宰场、肉店;糟,酒渣;廛,市场。意谓酒肉市场。②能休两句:出自邵雍《击壤集》卷五。

译文

是被红尘俗务纠缠,还是从中解脱,全靠我们自己的心灵。内心能够了悟,肉市酒坊也会变成清净之地;内心不能了悟,纵使琴鹤为伍、花草相伴,爱好虽然清雅,妨碍解脱的魔障终究还在。宋儒邵雍诗中说:"内心没有杂念,红尘世界就是解脱道场;心中欲念翻飞,僧人和俗人就没有两样。"这话说得多好啊!

点评

迷悟皆由心,心为苦乐门。禅宗讲,心净国土净。能够摆脱尘世的羁绊,才能进入真我之境;不能了断俗情,即使身在寺院,也是心在红尘。

315 万虑都捐 一真自得

斗室中万虑都捐，说甚画栋飞云、珠帘卷雨[1]；三杯后一真自得，惟有素琴横月，短笛吟风。

①画栋飞云、珠窗卷雨：出自唐王勃《滕王阁序》。原句为："画栋朝飞南浦云，珠窗暮卷西山雨。"

译文

住在狭窄的小屋里，抛弃了所有私欲杂念，哪里还羡慕什么画栋入云、珠帘卷雨的华屋？数杯酒下肚之后，不由得真情流露，用心享受在月光下弹琴、迎着清风吹弄短笛的美好时光。

点评

一个人超脱豁达的境界，往往是在起伏中参悟出的。在贫困的境况中能保持高雅情趣的人，终非池中之物。卢倚有诗说："揿然坐我斗室底，满室岗气生清香。"正是咏叹了这样一种情怀。但是，这种豁达的情怀不是缺乏追求，而是忍辱负重、默默耕耘。人生要真是失去了目标和追求，就会陷于抱怨、自堕和麻木中，离毁灭也就不远了。

316 天性无枯槁 机神宜触发

万籁寂寥中，忽闻一鸟弄声，便唤起许多幽趣；万卉摧剥后，忽见一枝擢秀，便触动无限生机。可见天性未常枯槁，机神最宜触发。

译文

万物寂静之际，忽然听见一声鸟鸣，便引发起许多幽远的情趣；花朵纷纷凋零时，却看见一枝独秀、傲然挺立，不禁触动内心的无限生机。由此可见，万物的本性不会一直枯萎，生命的机趣需要不断激发。

点评

文章之事，行文运笔中，与其苦思冥想、搜肠刮肚地胡编乱造，不如到大自然中走一走，也许几声鸟鸣就会启发灵感，一花一草就能勾起回忆。生活也是如此。所谓机神触事，应物而发。南宋陆游作诗说："山重水复疑无路，柳暗花明又一村。"天无绝人之路，置之死地而后生的情况并不鲜见。只要保持坚定信念，艰苦奋斗，总会有一瞬间灵光顿现，境况也随之转变。

317　善操身心　收放自如

白氏①云："不如放身心，冥然任天造。"晁氏②云："不如收身心，凝然归寂定。"放者流为猖狂，收者入于枯寂。唯善操身心者，把柄在手，收放自如。

①白氏：指白居易。②晁氏：宋人晁补之，字无咎。善书画，慕陶渊明而修归来园，自号归来子。

译文

白居易有诗说："不如放任自己的身心，完全顺应自然的造化。"晁补之有诗说："不如收敛自己的身心，凝神静虑回归安宁。"主张放任身心者，容易使心神弛散、流于疏狂；主张收敛身心者，容易使心灵枯寂、失去生机。只有妥善地操控好身心状态，才能做到收放自如。

点评

道家追求逍遥于天地，贵在知自然但失于知道德；儒家主张礼制，贵在明礼仪却又容易以礼制缚人。所以，放浪形骸于天地者，流于疏狂不羁；恪守礼制而不知变通者，又失却了做人的自然真趣。只有将两者结合起来，才能在人情世故当中收放自如、适可而止。

318　自然人心　融合无间

当雪夜月天，心境便尔澄澈；遇春风和气，意界亦自冲融。造化人心，混合无间。

译文

面对白茫茫的雪夜、静悄悄的月光,心灵也随之清澈明净;在暖风吹拂、和气融融的春天,心情也变得冲淡平和。可见,大自然和人类的心灵,本来就息息相通、浑然一体。

点评

中国人自古有"天人合一"的思想,人的心境和客境是一个密不可分的整体,既相互区别又相互影响。春夏秋冬,对应着生老病死;风花雪月,表现着喜怒哀乐。清风朗月,触发诗人的无穷兴致;阴雨连绵,徒增旅人的不尽忧愁。自然山水,总是寄托着人们的爱恨情仇。

319 文以拙进 道以拙成

文以拙进,道以拙成,一拙字有无限意味。如桃源犬吠,桑间鸡鸣①,何等淳庞②。至于寒潭之月③,古木之鸦④,工巧中便觉有衰飒气象矣。

①桃源犬吠,桑间鸡鸣:出自东晋陶渊明《归园田居》。原句为:"狗吠深巷中,鸡鸣桑树颠。"展现出一种悠然宁静的田园风光。②淳庞:淳厚。③寒潭之月:出自唐代皇甫曾《赠鉴上人》。原句为:"深竹风开合,寒潭月动摇。息心归静理,爱道坐中宵。"④古木之鸦:出自元代马致远《天净沙·秋思》。原句为:"枯藤老树昏鸦,小桥流水人家。"

译文

文章以朴素见长,学问以真诚而成,一个"拙"字里蕴含着说不尽的意味。恰如陶渊明的诗:"狗吠深巷中,鸡鸣桑树颠。"多么自然淳朴。至于那些寒潭月影、古木昏鸦的文辞,虽然工巧,却给人一种衰败的意味。

点评

古代中国是农耕社会,最讲求一个人淳朴自然的秉性。所以,古人将少私寡欲、真诚勤勉的品行称为"守拙";相反,把那种投机倒把、左右逢源的行径,称为"机巧"。传统的儒释道精神均是以"拙"为贵,赞扬简朴、纯真、自然的生活,反对浮华、投机、造作的生活。在作者看来,寒潭之月、枯藤昏鸦,往往是文人雅士惯用的风致,清雅之余不免有几丝造作,不如田野间犬吠鸡鸣更加自然、恬淡。

320 我转物尽逍遥 物转我生缠缚

以我转物者,得固不喜,失亦不忧,大地尽属逍遥;以物役我者,逆固生憎,顺亦生爱,一毛便生缠缚。

译文

由我来把握和主宰万事万物,成功了不狂喜,失败了也不忧恼,这样就会无羁无绊、自在逍遥;被万事万物所驱使和奴役,不如意时心生懊恼,如意时心生贪爱,这样一点微小的事情就能使自己陷入其中、难以释怀。

点评

古代先哲荀子说:"君子役物,小人役于物。"有德行修养的君子,能够以心转物,境随心转;而凡夫俗子则心随物转,心为境缚。禅宗六祖慧能大师感叹说:"心迷法华转,心悟转法华。"当一个人执迷不悟的时候,任何经文妙语都是束心的缰绳。而当一个人开悟的时候,则触目菩提,众生即佛。可见,心是生命的主宰。当精神超越了物质的层面,不为尘世所缚,一个更加广阔的世界就呈现在你面前。

321 理寂则事寂 心空则境空

理寂则事寂,遣事执理者,似去影留形;心空则境空,去境存心者,如聚膻却蚋。

译文

念头归于空寂,事物也归于空寂,如果不管事情本身而执迷于理论,就好像要去掉影子只留下形体;心灵保持空明,则周围的环境也变得空寂,如果舍弃外境而执着于此心,就好像聚集腐臭之肉来驱赶蚊蝇。

点评

有人就有影子，没人自然也没有影子。因此，没有客观事物，就没有主观意识；而没有主观意识，那么客观事物也失去了价值。所以说，实践是认识的根本来源。如果没有客观事实和依据，而执着于谈论空泛的道理，这样的话就是无根之木，无源之水。不考虑客观环境，一味执迷于主观臆想，这样的人既愚蠢又可笑。

322 幽人韵事 总在自适

幽人[①]韵事总在自适，故酒以不劝为欢，棋以不争为胜，笛以无腔为适，琴以无弦为高，会以不期约为真率，客以不迎送为坦夷[②]。若一牵文泥迹[③]，便落尘世苦海矣！

①幽人：指隐居的人。②坦夷：坦白快乐。③牵文泥迹：为一些世俗礼节所牵挂拘束。

译文

隐居之人的清雅生活，贵在顺应本心本性，所以欢快畅饮不在于劝酒，下棋之乐不在于争出输赢，吹笛不刻意追求曲调，弹琴也不必讲求指法，好友不期而会真诚相待，宾客间不迎来送往自在坦荡。一旦被那些世俗的礼法所拘束，就掉进了尘世的苦海之中。

点评

东晋隐士陶渊明说："结庐在人境，而无车马喧。问君何能尔，心远地自偏。"一个有智慧和修养的人，他的心境高旷超脱，能够恬然自安，不会被俗事所羁绊，自然也就不会像一般世俗之人那样，庸人自扰。那些在世外桃源的文人雅士，不仅外形免去了世俗之相，与朋友游乐同样以怡神陶性为本。他们把真心融汇于大自然，让生活适合自己的本性，为自己而活着。

323 一性寂然 超然物外

试思未生之前,有何相貌;又思既死之后,作何景色?则万念灰冷,一性寂然,自可超物外游象先。

译文

试着想一想,在未出生以前,你的相貌是什么样?再想一想,归于尘土后,你又会是什么光景?这样想来,便觉千般思绪万般欲念都消失不见,内心归于空寂,由此便可超然物外,翱翔于天地之间。

点评

莎翁有句名言:“生存还是毁灭,这是一个问题。”生与死,是人类永远探索不止的问题。佛家论生死,认为没有觉悟的生命,便是在无尽的轮回中受苦;唯有开悟的生命,才能出离轮回,了生脱死。佛教认为,人生就是一场修行,用生生世世来修炼一颗佛心。禅语说,智慧转万物,步步莲花生。用佛眼来看世界,世界处处皆是春天。

324 福为祸本 生为死因

遇病而后思强之为宝,处乱而后思平之为福,非蚤智也;幸福而先知其为祸之本,贪生而先知其为死之因,其卓见乎!

译文

得了疾病才想到健康是好,身处忧乱才懂得平安是福,这不算是远见卓识;身处幸福而不忘“福兮祸之所倚”,爱惜生命却也知道“有生必有死”,这才是真知灼见。

点评

凡事都应该洞察先机,正所谓“一叶落而知天下秋”。否则,亡羊补牢,为时已晚！可是在实际生活中，人们总是要经历过一番波折，才能够深刻领悟其中的道理。失去了自由才知道自由的可贵，失去了健康才知道健康的重要。与其做个事后诸葛亮，为何不在事前做充分准备，防患于未然？

325 胜负美丑 一时幻相

优人傅粉调朱，效妍丑于毫端。俄而歌残场罢，妍丑何存？奕者争先竞后，较雌雄于着子。俄而局尽子收，雌雄安在？

译文

戏台上的伶优在脸上涂脂抹粉，将美丑展现得惟妙惟肖，可转眼间曲终人散，刚才的美丑都到哪里去了呢？下棋的人在棋盘上激烈厮杀，用落下的棋子来决定胜负输赢，可转眼之间棋局结束棋子收起，刚才的胜败又在哪里？

点评

面对着宇宙苍穹，人生百年也不过是沧海一粟。一切是非成败，都是那么短暂。人生好比是演戏，一场游戏一场梦，待繁华谢幕，那些爱恨情仇也随之烟消云散。人生又好比是下棋，棋局里你厮我杀，等结束后成败得失尽不复存在。相对于漫长的历史，那些富贵功名实在微不足道。人又何必为着一时的成败得失而耿耿于怀呢？

326 静者风月主 闲者天地真

风花之潇洒，雪月之空清，唯静者为之主；水木之荣枯，竹石之消长，独闲者识其真。

译文

微风之中花朵摇曳，雪夜之中月光皎洁，唯有内心宁静，才能欣赏这般美景；潮起潮落、叶荣叶枯，竹子生长、山石风化，唯有内心悠闲，才能觉察到它们的变化。

点评

在红尘俗务中疲于奔命的人，最难有的就是闲情雅致。心为名利缰绳捆缚，所见皆是成败得失、人我是非，纷纷扰扰中不免心累。所以，偶尔也要将这一切放下，欣赏一下尘世之外的桃源风光。在宁静的心境中，感受风中花朵的摇曳多姿，雪山明月的冰清玉洁；在悠闲的时光里，惯看枝叶荣枯，一任石长石消。

327 性全欲淡 第一境界

田父野叟，语以黄鸡白酒则欣然喜，问以鼎食①则不知；语以缊袍②短褐则油然乐，问以衮服则不识。其天全，故其欲淡，此是人生第一境界。

①鼎食：鼎是古代富贵人家盛食物的锅。古时富贵人家钟鸣鼎食。②缊袍：新绵加上旧絮所作成的绵袍叫缊袍。

译文

和乡下老农闲谈，聊到烧鸡白酒他们就会充满兴奋，而问起山珍海味却全然不知；谈起粗布棉衣他们就会轻松愉快，而问起华美官服却丝毫不懂。因为保持了天性的纯朴，所以欲望淡泊，这是人生的第一等境界。

点评

乡村生活虽然没有都市的繁华，却有着都市所不及的清静与宁和。山村野夫之乐，就在于单纯自然，粗茶淡饭之外别无所求。这样的生活虽然清苦，但远离了红尘中的疲惫烦恼，而有清风徐来、稻花飘香，也不失为人生的一大乐境。

328 观心增障 齐物剖同

心无其心，何有于观。释氏曰观心者，重增其障；物本一物，何待于齐。庄生曰齐物者，自剖其同。

译文

内心没有妄念,哪里用得着观心自省?佛家所谓“观心”,反而增加了修持的障碍。世间万物本来就是一体,哪里用得着强求同一?庄子所谓“齐物”,反而分割了万物的完整。

点评

禅宗六祖慧能大师说:“本来无一物,何处惹尘埃。”人的心性原本就清澈洁净,何来尘埃?如果一味地强调灭除尘埃、修心养性,那就好比在平静的心湖中无风逐浪,平添波澜。天人本就浑然一体,为何还要多此一举地强求物我合一?这般强求,反倒强行将物我做了分割。这就好比是佛家所言“迷己逐物”“心外求法”,结果总是事与愿违。

329 达人离悬崖 俗士沉苦海

笙歌正浓处,便自拂衣长往[①],羡达人撒手悬崖;更漏已残[②]时,犹然夜行不休,笑俗士沉身苦海。

①拂衣长往:毫不留恋。②更漏已残:古代将一夜分为五更,漏是用来计时的仪器。更漏已残形容夜已深沉。

译文

在欢歌艳舞达至高潮时拂袖离开,这般旷达的人能在紧要关头猛然回头,实在令人羡慕;在夜深人静时还在奔波忙碌,欲望驱使这般庸俗的人沉沦苦海,实在令人叹息。

点评

俗话说,花看半开,酒饮半醉。凡事能够把握分寸、坚守信念的人,才能充分享受生活的乐趣。而那些做事不加节制,过度纵情欲望的人,最后反倒自受其苦。所以,欢歌宴饮,适可而止;欲海无边,尽早回头。

330 澄吾静体 养吾圆机

把握未定，宜绝迹尘嚣，使此心不见可欲而不乱，以澄吾静体①；操持既坚，又当混迹风尘，使此心见可欲而亦不乱，以养吾圆机②。

①静体：寂静的心的本性。②圆机：佛教词，圆顿的根机。

译文

内心不够坚定时，应该远离红尘喧嚣，使心灵不受诱惑而不纷乱，从而保持澄明清静；操守严明心志坚定时，应该深入社会事务，使心灵接受诱惑却不迷乱，从而磨砺心性修养智慧。

点评

当一个人的心志不够成熟稳定时，要注重保护，谨防诱惑；而当心志有所发展时，就要敢于经受风雨，接受考验。对于那些思想尚未成熟的青少年，一定要多加保护，使他们远离不良的环境，以防误入歧途。人至成年，就要在社会中迎面挑战，历事炼心。须知“宝剑锋从磨砺出，梅花香自苦寒来”。一个人的智慧和定力，往往是在和各种环境的接触当中磨练出来的。

331 人我一视 动静两忘

喜寂厌喧者，往往避人以求静，不知意在无人，便成我相；心著于静，便是动根。如何到得人我一视①、动静两忘的境界？

①人我一视：我和别人融为一体，没有区别。

译文

喜欢清静讨厌喧嚣的人，往往离群索居求得宁静，却不知道一心想着远离人群便已执着了自我，一心想求安静正是躁动的根源。这怎么能够达到将自我和他人视为一体、将宁静和喧嚣一起放下的境界呢？

点评

佛法讲,心为苦乐门。人一旦有了分别心,就会产生诸多的烦恼。喜欢清静厌恶喧哗的人,希望通过避居山林来获取安宁。殊不知,这种爱此恶彼的分别心如果没有去除,那么山林再幽静也带不来内心的清静。一味向外求索,正是躁动的一种表现。唯有彻底去除内心的执着分别,以清净平等的眼光看世界,世界才会一片祥和安宁。

332 山居胸次清 触物皆佳思

山居胸次①清洒,触物皆有佳思:见孤云野鹤②而起超绝之想;遇石涧流泉而动澡雪之思③;抚老桧寒梅而劲节挺立;侣沙鸥麋鹿而机心顿忘。若一入尘宇,无论物不相关,即此身亦属赘旒④矣。

①胸次:胸怀。②孤云野鹤:即闲云野鹤,比喻自由自在的不羁之物。刘长卿《送方外上人》:“孤云将野鹤,岂向人间住。”③澡雪之思:澡,沐浴;雪,洗涤。意指除去一切杂念保持心灵纯洁。④赘旒(zhuì liú):赘,多而无用;旒,旗下所垂之穗。引申为多余的装饰物。

译文

隐居在山林时心胸清静洒脱,所见之物都能够触发美好的情思:看见无拘无束的孤云野鹤,就会生起超尘绝俗的念头;遇到山谷溪涧的淙淙流泉,就会生起洗涤杂念的心思;抚摸风霜中的圆柏和腊梅,就会挺立起威武不屈的气节;交往烂漫的沙鸥麋鹿,就会顿时泯灭奸诈的心机。假如再度走回喧嚣的都市中,且不说与诸事已格格不入,就连自己的这一副皮囊,也像旗帜的飘带一样多余。

点评

徜徉于山水,忘情于泉谷,可以净化心灵,陶冶性情。当一个人面对种种自然妙趣,很容易触景生情,忘怀得失。所以,古代的士大夫常常以游山玩水来寄托情怀。现代人生活节奏快,加上城市化的迅速发展,人和自然的距离越来越远,山水之乐成了一种奢侈。然而无论怎样繁忙,人们都应该抽出一点时间,亲近大自然,在自然山水中感受不一样的生活乐趣。

333 兴逐时来 景与心会

兴逐时来,芳草地携杖闲行,野鸟忘机时作伴;景与心会,落花下披襟兀坐①,白云无语漫相留。

①兀坐:静坐。兀,不动的意思。

译文

兴致来临的时候,在草地上悠然漫步,野鸟见人类没有机心,也会飞到身边作陪。流连于美景中时,落英下披着衣服独自静坐,白云也悄无声息地与我相伴不忍离去。

点评

流连于自然山水,是一件无比美好的事情。唐代诗人王维描写终南山:"白云回望合,青霭入看无。"在山林中行走,伴着若有若无的青雾,回看灵动飘逸的白云,一切是那么悠然自在。在芳草地上拄仗而行,野鸟时不时地在身边飞来飞去;在落花下独自静坐,不知不觉花瓣洒满衣裳,白云悠然相随。

334 人生福祸 皆由念作

人生福境祸区,皆念想所造成。故释氏曰:"利欲炽然,即是火坑;贪爱沉溺,便为苦海;一念清净,即烈焰成池;一念惊觉,即船登彼岸。"念头稍异,境界顿殊,可不慎哉!

译文

人生幸福的境界,还是灾祸的处所,全由我们的主观意念所决定。所以佛经说:"利欲熏心,就会葬身欲望的火坑中;贪爱无度,就会堕入苦难的海洋里。及时警醒,大火坑就变成了清凉池。当下觉悟,智慧船就登上了解脱岸。"念头稍不一样,境界就截然不同。不能够不慎重对待啊!

点评

人生的幸福与苦恼，都是由自己的观念造成的。佛家讲，福祸无门，惟人自招。当一个人利欲熏心、贪爱无度，就仿佛欲火焚身，浑身上下便充满着焦躁的气息。如果能及时警醒、当下觉悟，则欲火不期而灭，火坑苦海转为清凉彼岸。修行就是修心，人应该多在心念上下功夫。心如止水，才能做自己的主人。

335　学道须求索　得道自然成

绳锯木断，水滴石穿，学道者须加力索；水到渠成，瓜熟蒂落，得道者一任天机。

译文

绳子可以锯断树干，水滴可以击穿石头，所以学道者应该努力用功；水流自然汇聚成沟渠，瓜熟花蒂自然会落下，想要得道的人努力用功自然有所成就。

点评

古代先哲荀子说："不积跬步，无以至千里；不积小流，无以成江海。"一个人若想成就一番事业，必须要有锲而不舍的精神，辛勤耕耘，努力付出。俗话说，功到自然成。量变引起质变，持之以恒、用心付出便一定会有收获。就怕有些人，做事情浅尝辄止，东一榔头西一棒子，最后一无所获、一事无成。

336　机息见风月　心远无喧嚣

机息时便有月到风来，不必苦海人世；心远处自无车尘马足，何须痼疾丘山[①]。

①痼疾丘山：痼疾，本指久难治愈的疾病，这里是迷恋山水不能自拔的意思。陶渊明《归园田居》："少无适俗韵，性本爱丘山。"又《饮酒》："结庐在人境，而无车马喧。问君何能尔，心远地自偏。"

译文

当妄念完全止息时，皎皎明月习习清风自然会到来，不必再将人世间看成是一片苦海；当心境远离尘俗时，自然就不会有车马喧嚣的嘈杂，哪里还一定要找个僻静的山林？

点评

陶渊明《饮酒》一诗说："结庐在人境，而无车马喧；问君何能尔？心远地自偏。"心是诸法之源。佛法讲，心净国土净。意念清净无染，纵然身居闹市，也不失安宁与悠然。摒弃了心头杂念，娑婆苦海当下便成极乐天堂。

337　生生之意　天地之心

草木才零落，便露萌颖于根底；时序虽凝寒，终回阳气于飞灰。肃杀之中，生生之意常为之主，即此可以见天地之心。

译文

花草树木的叶子刚飘零而下，根底就露出了细细的嫩芽；季节虽然到了寒冬，却有阳气在其中孕育。在一片肃杀萧瑟之中，常常蕴含着生生不息的力量，由此可见天地育养万物的好生之德。

点评

何谓"生生之意"？《易经》说"生生之谓易"，又说"天地之大德曰生"。宇宙天地育养万物，充满无限的生命力量。亘古以来，万物生生不息，这就是宇宙的至大之德、生生之意。何谓"天地之心"？《易经》说："复，其见天地之心乎！"《周易》的复卦，反映出物极必反、此消彼长的上古哲学。阴阳消长变化，万物相反相成，充满勃勃生机，这就是"天地之心"。

338　雨后山色新　夜静钟声清

雨余观山色，景象便觉新妍；夜静听钟声，音响尤为清越。

译文

雨后天晴,观赏山间景色,更觉秀丽清新;夜深人静,听闻深夜钟声,更觉清亮悠扬。

点评

远山经过一场新雨,清扬婉丽,别有一番新鲜灵动。夜深人静,红尘喧嚣渐归静寂,经殿的钟声在耳边响起,一声比一声清越、悠扬。这是尘垢洗净的世界,这是繁华剥落的世界,一切都是如此明丽、清幽、沉静。走过红尘,看尽繁华,经历过夏花之绚烂,更能体悟秋叶之静美。

339 登高心旷 临流意远

登高使人心旷,临流使人意远。读书于雨雪之夜,使人神清;舒啸于丘阜之巅,使人兴迈。

译文

登上高山,使人心旷神怡;临近水流,令人意境悠远。读书于雨雪之夜,使人神清气爽;仰天长啸于山巅之上,使人振奋无比。

点评

高山的峻拔,江河的深远,雨雪之夜的幽邃,常常启人以不同的情思。荀子《劝学》说:"不登高山,不知天之高也。"唐代杜甫《望岳》:"会当凌绝顶,一览众山小。"登高望远,可以振奋精神,开阔胸襟。五代李煜《虞美人·春花秋月何时了》:"问君能有几多愁,恰似一江春水向东流。"悠悠流水,触发人无尽的遐思。而雨夜读书,临窗听雪,又别是一番情韵。如陆游的诗"夜阑卧听风吹雨,铁马冰河入梦来",又如李商隐《夜雨寄北》中的"何当共剪西窗烛,却话巴山夜雨时",再如张可久《天净沙·孤山雪夜》中的"淡妆人在罗浮,黄昏月上西湖,翠袖翩翩起舞。倚阑索句,雪中树老山孤"。

340 万钟一发 存乎一心

心旷则万钟如瓦缶[①],心隘则一发似车轮。

①瓦缶:装酒的瓦器,此指没价值的东西。

译文

心胸豁达为人慷慨的人,把万贯家财也看得像一个瓦罐那么微不足道;心胸狭窄斤斤计较的人,把头发丝一样的小事也会看得像车轮那么大。

点评

胸怀决定格局,格局决定未来。秦朝宰相李斯说:"河海不择细流,故能就其深。"波澜壮阔的人生,离不开海纳百川的胸襟。心有多大,舞台就有多大。成功的路上,不仅需要有高远的梦想,更需要有为人处世的博大胸襟。

341 要以我转物 不以物转我

无风月花柳,不成造化;无情欲嗜好,不成心体。是以我转物,不以物役我,则嗜欲莫非天机[①],尘情即是理境矣。

①天机:出自《庄子·大宗师》。原句为:"其嗜欲深者,其天机浅。"

译文

如果没有清风明月红花绿柳,就没有了美好的大自然;如果没有喜怒哀乐好恶爱憎,人就没有了正常的心理。重要的是以我为中心来主宰万物,而不让万物役使我,这样的话一切情欲嗜好都会成为天然机趣,尘世情感也变得合情合理。

点评

天地间有鸟语花香,人心中有七情六欲。人有欲望不可怕,可怕的是被欲望驱使，沦为欲望的奴隶。《庄子·大宗师》说："其嗜欲深者，其天机浅。"一个人任由欲望驱使，为获取富贵名利而不择手段，就很难保持纯真善良的秉性，会缺乏天然的真趣。因此，人要做欲望的主人，在滚滚红尘中，保持内心的操守，不迷失生命的航向。

342　就一身了一身　还天下于天下

就一身了一身者，方能以万物付万物；还天于天下者，方能出世间于世间。

译文

能够跳出自我来看待自我的人，才能做到物尽其用、各得其所；能够把天下交还给天下万民的人，才能身处尘世而又超然物外。

点评

在佛家眼中，世间是生死的苦境，涅槃是常乐的净土。世事无常，如果不能从变化莫测的现象中跳出来看问题，就会认假作真，心生烦恼。内心既不得安宁，看万物就更难清净平等。只有摆脱了执着迷惘，在随缘任运中，才能在世如出世，入世又能超世。

343　太闲杂念生　太忙真性隐

人生在世，太闲则杂念横生，太忙则真性不现。故士君子不可不抱身心之忧，亦不可不耽风月之趣。

译文

人生在世，生活过于闲散就容易产生各种杂念，过于忙碌纯真本性就不易显露。所以，士君子既不能使身心过于疲倦，也不能不懂得吟风弄月的闲情雅趣。

点评

先哲荀子在《劝学》中说："怠慢忘身，祸灾乃作。"过于安逸的生活，会消磨人的意志,放松人的警惕,招致祸患和灾难。相反,过于忙碌的生活,又使人疲惫麻木,丧失生命的乐趣。所谓"一张一弛,文武之道",无论工作还是生活,都应该张弛有度,劳逸结合。

344 触处皆真境 万物有真机

人心多从动处失真,若一念不生,澄然静坐,云兴而悠然共逝,雨滴而冷然俱清;鸟啼而欣然有会,花落而潇然自得。何地无真境,何物无真机?

译文

一个人的内心常常会因为喧嚣躁动而失去纯真。如果没有妄念纷扰,在澄澈的心境中静坐,看飘动的白云消逝在天边,任凭清凉的雨滴洗净心中尘埃,聆听鸟鸣兴致勃勃,欣赏花落潇洒自得。那么人间何处不是仙境?何物不包含真机?

点评

内心中纷纷扰扰的杂念,会使一个人在心浮气躁中迷失本心。禅语说,迷人心外求法,悟人自净其心。万物静观皆自得。摒弃了内心的杂念,心如平静的湖面,那么智慧的明月自会映现其中。

345 喜忧参半 欣戚两忘

子生而母危,镪[①]积而盗窥,何喜非忧也?贫可以节用,病可以保身,何忧非喜也?故达人当顺逆一视,而欣戚两忘。

①镪(qiǎng):钱贯,即古代穿钱的绳子。这里指金银。

译文

孩子出生时母亲要冒生命危险，财富积累多了盗贼就会打主意，哪一件喜事中没有忧虑的因素？家境贫穷可以养成节俭的美德，身患疾病可以促使人保养身体，哪一件苦事中没有可喜的成分？因此，在心胸豁达之人的眼里面，顺境和逆境本就没有什么两样，不因好事高兴也不因坏事犯愁。

点评

塞翁失马，焉知非福？任何事情都有两面性，利弊相随，福祸相依，重要的是保持乐观豁达的心态。《孟子》说："穷则独善其身，达则兼济天下。"人生沉浮无常，只要保持乐观的态度，拥有长远的眼光，那么无论在什么处境中都能够泰然自若、游刃有余。

346　是非俱谢　物我两忘

耳根如风谷传声，过而不留，则是非俱谢；心境如月池浸色，空而不著，则物我两忘。

译文

耳朵听到任何事情，都像风吹山谷发出声响，过后却什么也没有留下，那么人间的是是非非便会随之消失、难成困扰；心灵面对任何事情，都像月光笼罩池水，空空如也不着痕迹，那么就能达到自在逍遥的忘我境界。

点评

佛家讲求"五蕴皆空""六根清净"，认为人们通过眼、耳、鼻、舌、身、意等六根感知到的现象世界，变化无常，所以称"空"。在尘世中生活的无名凡夫，执"空"为"有"，认"假"作"真"。当内心的欲望得到满足时，便心生喜悦；欲望得不到满足，便痛苦烦恼。一个人的心境受到外物扰动，就很难保持清净，只有如如不动，才能"六根清净"。

347 世为荣利　自尘苦心

世人为荣利纠缠，动曰尘世苦海，不知云白山青，川行石立，花迎鸟笑，渔唱樵歌。世亦不尘，海亦不苦，彼自尘苦其心尔。

译文

世人被荣华利禄所束缚，动不动就说人世是苦海，却不知道白云悠悠、山水青翠，花儿迎风飞舞，鸟儿啁啾欢叫，渔人自在吟唱，樵夫高声歌唱，都是世间美景。这么美好的世界哪里有污秽，哪里有痛苦呢？只是世人将自己的心蒙上灰尘、堕入苦海罢了。

点评

唐代文人李翱有句诗说："我来问道无余说，云在青天水在瓶。"道，不在纷繁复杂的礼仪中，不在佶屈聱牙的经句里，而在自在悠游的云水之中。事实上，人的本性原本就应该是自由的。然而现实中的人，总是活得很累。房奴、车奴、钱奴层出不穷，人们蜗居在狭窄的空间里，为种种名利富贵奔波劳碌。其实，尊严就在每一个自由的灵魂当中。多一份生活的随意，就会多一个幸福的源头。

348 花看半开　酒饮微醉

花看半开，酒饮微醉，此中大有佳趣。若至烂漫酕醄，便成恶境矣。履盈满者宜思之。

译文

赏花要赏到似开未开时最佳，饮酒要饮到似醉非醉时最好，这里面实在有太多美妙的趣味。如果一定要到花开绚极、酒酣烂醉的时候，那就进入了恶境之中。志得意满的人要仔细思量其中的道理。

点评

月盈则亏，花开则谢，物极必反、此消彼长的盈亏之理，推动着宇宙亘古以来的演进发展。由此，中国人认为“天道忌盈，人事惧满”，做任何事情都应该适可而止。所以，赏花要在似开未开之际，酒饮小醉已是极好。儒家的中庸之道，正是千年来中国人的处世哲学。

349 任其自然 不受点染

山肴[①]不受世间灌溉，野禽不受世间豢养，其味皆香而且冽。吾人能不为世法所点染，其臭味[②]不迥然别乎？

①肴：原指肉食、荤菜。这里指野菜。②臭味：气味。

译文

山中野菜没有受到人为浇灌，野外兽禽没有受到人为饲养，它们都美味可口、清香四溢。世人如果能够不被庸俗的名利熏染，那么性情气质便会迥然不同。

点评

大自然中土生土长的食材，由于没有过多的人工矫饰，自有一股清新、自然、纯朴的味道，为那些香精、调味烹调出的食材所不及。在食品添加剂大行其道的今天，相信很多人对此深有感触。其实做人也一样。佛教称世俗社会的种种世故为世法，它好比人性中的食品添加剂，掩盖了人性自有的真实与清甜之味，污染人的身与心。一个人若能出离世法，以出世间法的智慧看破世间虚妄，如莲花般出淤泥而不染，便会散发出人性的芬芳来。

350 种花养鱼 贵在自得

栽花种竹，玩鹤观鱼，亦要有段自得处。若徒留连光景，玩弄物华，亦吾儒之口耳，释氏之顽空而已，有何佳趣？

译文

栽种花草树木，喂养虫鱼鸟兽，也要有一段怡然自得的心境。如果只是留恋景色，消磨时光，那就好比儒家所讲的肤浅之学，佛家所讲的顽空之境，有什么乐趣可言？

点评

文人雅士栽花种柳，贵在调心养性，培养怡然自得的心境。如果只是流于形式，消磨光阴，而不重视在心地上下功夫，那就成了附庸风雅、耽迷物华，结果就是堕入儒家所谓的口耳之学，所行难免肤浅；又或是坠入佛家所说的顽空之境，心如枯木死灰，毫无生趣可言。

351 逸趣自饶　天真浑具

山林之士，清苦而逸趣自饶；农野之夫，鄙略而天真浑具。若一失身市井驵侩[①]，不若转死沟壑神骨犹清。

①驵侩（zǎng kuài）：原指马匹交易的经纪人，后泛指市侩、商人。

译文

山中隐士，生活清苦却饶有情致；田野农夫，粗鄙淳朴而纯真自然。如果一不小心沦落为市侩小人，还不如死在沟壑里保全身心高洁。

点评

古人重义轻利，认为生活可以清贫，做人却不能失节。孟子说："生，我所欲也；义，亦我所欲也，二者不可得兼，舍生而取义者也。"中国历史上有很多的忠节义士，国难当前，他们挺身而出，宁可英勇赴死，也不愿投降苟活。这种大无畏的精神和精忠报国的气节，是中华民族的脊梁。

352 着眼要高 不落圈套

非分之福，无故之获，非造物之钓饵，即人世之机阱。此处着眼不高，鲜不堕彼术中矣。

译文

不是自己应得的福分，以及无缘无故得到的收获，如果不是上天有意安排的诱饵，就一定是他人故意设下的圈套。这时没有高远的眼光，就很少有人不落入圈套、吃亏上当。

点评

世界上没有免费的午餐，天上不会掉馅饼，没有付出就没有收获。有时候，世间也如野外，危机四伏，布满陷阱。然而，鱼见饵而不见钩，人见利而不见害。贪图无功之赏，妄求坐享其成，正是招致灾祸的根源。

353 人生如傀儡 掌控在自身

人生原是一个傀儡，只要根蒂在手，一线不乱，卷舒自由，行止在我，一毫不受他人提掇，便超出此场中矣。

译文

人的这一世，原本就是戏台上的木偶，只要自己能掌握好控制木偶的绳子，丝毫不乱，收放自如，动停全由自己把握，一点儿也不受他人的牵制和摆布，那么就可以超脱这戏台子的束缚了。

点评

要想把握自己的人生，就要亲手抓住命运的罗盘。人生于世，内心的昏懵，世俗的诱惑，无不诱使生命之船迷失方向。唯有坚定内心的信念，不断地自我超越，才能在社会的汪洋之中，不忘初心，砥砺前行。

354　福祸相依　无事为福

一事起则一害生,故天下常以无事为福。读前人诗云:“劝君莫话封侯事,一将功成万骨枯。”又云:“天下常令万事平,匣中不惜千年死。”虽有雄心猛气,不觉化为冰霰矣。

译文

只要有一件事情发生,就会有一种祸害产生,所以人们常常把平安无事当作福气。阅读前人的诗,其中这样说到:“奉劝大家不要津津乐道那些封侯拜相之事,每个将领的战功都是用千万士兵的头颅换来的。”诗里还说:“只要能使万世太平,哪怕匣中宝剑闲置千年。”读完这些诗,满腔的雄心热血,也会不知不觉间融化成冰雪。

点评

常言道,祸兮福所倚,福兮祸所伏。世间万事相辅相生,我们内心每起一个念头,便有福祸之果挂在枝头,待瓜熟蒂落而等我们吞咽。世上没有无缘无故的爱,也没有无缘无故的恨。世间任何纷争都因利益而起,有人得利,必有人失利。清朝画家郑板桥说:“难得糊涂。”人世间最难糊涂的莫过于“无事为福”。

355　清净之门　邪淫渊薮

淫奔之妇矫而为尼,热中之人激而入道,清净之门,常为淫邪之渊薮①也如此。

①渊薮(sǒu):渊,鱼所聚处;薮,水边草地,兽所聚处。意指人或事物聚集的地方。

译文

跟人私奔的淫妇，可以伪装成庙里的尼姑；醉心于权势名位的人，会因一时意气而遁入空门。远离红尘的清净之地，谁知常常成为奸淫邪恶之徒的避身之所。

点评

佛门本是信徒清修的道场，托身其中的偏偏是六根不净之人；阔野山林本是高雅之士归隐的场所，却成了多少红尘名利客的扬名之地。常言说，有人的地方就有江湖。世事纷纭，真真假假。天地虽然寥廓，却也时时充满矛盾。很多时候，人们只是看到了"善"的表面，却没有看透"恶"的本质。

356 身在事上 心超事外

波浪兼天，舟中不知惧，而舟外者寒心；猖狂骂坐，席上不知警，而席外者咋舌。故君子身虽在事上，心要超事外也。

译文

当遇上波浪滔天的天气时，船上的舵手不知道害怕，岸边的人倒是心惊胆战；宴席中有人醉酒发癫时，同席的人不知道警惕，酒席外的人却目瞪口呆。所以，德才兼备的人，虽然身在事件漩涡之中，却要有超然事外的心智。

点评

大千世界，无常变化，世人皆从纷纷扰扰的幻境中寻找着真相，但又坚信自己的执念就是真相。苏轼有句诗说："不识庐山真面目，只缘身在此山中。"很多时候，局中人难免为局势所困，看不到真相的全貌。而那些局外人又何尝不是雾里看花、水中望月？佛家讲，凡一切相，皆是虚妄。若见诸相非相，即见如来。不论当局者还是旁观者，能够透过现象把握本质，才是高人。

357 减省一分 超脱一分

人生减省一分,便超脱一分:如交游减,便免纷扰;言语减,便寡愆尤;思虑减,则精神不耗;聪明减,则混沌可完。彼不求日减而求日增,直桎梏此生哉。

译文

人生的种种纷扰,减少一点,就能够超脱一些。比如减少一些社交应酬,就能免除很多争执纷扰;减少一些言语议论,就能减少很多过失责难;减少一些操心忧虑,就能保全精神元气;减少一些心计机巧,就能涵养纯朴本性。不求日减反求日增的人,简直是在束缚自己的生命啊!

点评

人生不全是“加法”,有时候也需要“减法”。在物欲横流的现代社会,人应该学习精简自己的生活,为心灵减负降压。有一首歌唱道:“你我皆凡人,生在人世间。终日奔波苦,一刻不得闲。”忙碌的身体需要适当的休息,疲惫的心灵需要短暂的假期。常言说,磨刀不误砍柴工。给心灵放个假,让生活更快乐!

358 寒暑易避 炎凉难除

天运之寒暑易避,人世之炎凉难除;人世之炎凉易除,吾心之冰炭难去。去得此中之冰炭,则满腔皆和气,自随地有春风矣。

译文

大自然的酷暑寒冬容易躲避,人生中的炎凉世态却难以消除;人世间的炎凉世态容易消除,心中的爱恨冷暖却难以消去。如果能够去除内心的偏见与执念,那祥和之气便会布满胸腔,人生处处也会充满春风。

点评

物质生活的困难是容易克服的，真正困难的是如何破除精神上的伤害与偏见。俗话说，一朝被蛇咬，十年怕井绳。在历经世间坎坷、人情冷暖之后，能够不计前嫌、既往不咎的人有多少？偏爱固然不可取，怨恨又何必汲汲于心！假如襟怀旷达，能够忘怀得失，那么天地间自有花月春风，人世间自留得祥和自在。

359 人贵适意 事事洒脱

茶不求精，而壶亦不燥；酒不求冽，而樽亦不空。素琴无弦而常调，短笛无腔而自适。纵难希遇羲皇[①]之世，亦可匹俦[②]嵇阮[③]之伦。

①羲皇：上古皇帝伏羲氏，史称其发明了八卦。相传在他当政时期，民风淳朴，天下清平。②匹俦：匹敌。③嵇阮：嵇康、阮籍，魏晋初期名士，属“竹林七贤”之列，因对当时司马氏父子专权不满，遂佯狂放任，消极避世。

译文

品茶不需要上好的茶叶，只是茶壶可不能干；喝酒不要求甘醇的美酒，只是酒杯可不能空。朴素的古琴虽然没有琴弦却可以经常调试；短小的竹笛即使吹不出曲调却使我心情愉悦。纵然比不上羲皇的淳朴，也可以媲美嵇阮的潇洒。

点评

喝茶饮酒、弹琴吹笛，这些都是外在的形式，真正的乐趣在于内心的自得。隐士陶渊明《归去来兮辞》里说：“归去来兮，田园将芜胡不归？既自以心为形役，奚惆怅而独悲？”回归田园，不是因为田园荒芜需要开垦，也不是因为粗茶淡饭美味可口，而是因为田园里有世俗难有的自由。茶酒可以自由品饮，琴笛可以自在吹弹，而这样潇洒的生活，问世间能有几人拥有？

360 世路茫茫 随遇而安

释氏之随缘，吾儒之素位[①]，四字是渡海的浮囊。盖世路茫茫，一念求全，则万绪纷起。惟随遇而安，斯无入而不自得矣。

①素位：安守本分，努力做好应当做的事情。

译文

佛家讲求随顺因缘，儒家主张谨守本分，“随缘”“素位”这四个字意味深长，是渡过人生苦海的救命浮囊。因为人生路漫长而曲折，倘若一心想着十全十美，就会招致各种烦恼。只要能够随缘素位顺其自然，无论在哪里都可以自得心安。

点评

佛家讲“因缘”，认为世间万物皆是因缘生、因缘灭。所以，万物生灭无常，人生聚散皆缘。唯有随顺诸缘，方得佛法真谛。儒家讲“素位”，《礼记》说：“君子素其本位而行。”君子应该坚守自己的本位，不做越俎代庖之事。无论佛家还是儒家，都在告诉我们一个为人处世的道理：控制好自己的欲望，不盲目贪求，不吃里爬外。

附　录

重刻《菜根谭》原序

戊子之秋，七月既望，余以抱病在山，禁足阅藏。适岫云监院琮公由京来顾，出所刻《菜根谭》书命予为序，且自言其略曰：“来琳初受近圆，即诣西方讲席，听教于不翁老人。参请之暇，老人私诫曰：‘大德聪明过人，应久在律席，调伏身心，遵五夏之制，熟三聚之文，为菩提之本，作定慧之基，何急急以听教为哉？’居未几，不善用心，失血莫医。自知法缘微薄，辞翁欲还岫云。翁曰：‘善，察尔因缘在彼，当有大振作，但恐心为事役，不暇研究律部。吾有一书，首题《菜根谭》，系洪应明著。其间有持身语，有涉世语，有隐逸语，有显达语，有迁善语，有介节语，有仁语，有义语，有禅语，有趣语，有学道语，有见道语，词约意明，文简理诣，设能熟习沉玩而励行之，其于语默动静之间，穷通得失之际，可以补过，可以进德，且近于律，亦近于道矣。今授于尔，宜知珍重。’时虽敬诺拜受，究竟不喻其为药石意也。厥后历理常往事务，俱忝要职，当空华之在前，不识元由眼里之翳；认水月以为真，岂知惟是天垂之影。由是心被境迁，神为力耗，不觉酿成大病，幸未及于尽耳。既微瘥间，无以解郁，因追忆往事，三复此书，乃悟从前事事皆非，深有负于老人授书时之言焉，惜是书行世已久，纸朽虫蛀，原板无从稽得，于是命工缮写，重付刊刻。请红弁言于首，启迪天下后世，俾见闻读诵者身体力行，勿使如来琳，老方知悔，徒自惭伤，是所望也！”

余闻琮公之说，抚卷叹曰：“夫洪应明者，不知何许人。其首命题，又不知何所取义，将安序哉？”窃拟之曰：“菜之为物，日用所不可少，以其有味也。但味由根发，故凡种菜者，必要厚培其根，其味乃厚。是此书所说世味乃出世味，皆为培根之论，可弗重欤？”又古人云：“性定菜根香。”夫菜根，弃物也，如此书人多忽之。而菜根之香，非性定者莫喻，如此书唯静心沉玩者，乃能得旨。是与否与？

既不能反质于原人，聊将以候教于来哲。即此为序。

时乾隆三十三年，中元节后三日
三山病夫通理谨识

遂初堂主人序

余过古刹，于残经败纸中拾得《菜根谭》一录。翻视之，虽属禅宗，然于身心性命之学，实有隐隐相发明者。亟携归，重加校雠，缮写成帙。旧有序，文不雅驯，且于是书无关涉语，故芟之。著是书者为洪应明，究不知其为何许人也。

乾隆五十九年二月二日
遂初堂主人识